KB273017

내 아이 공신 만드는 햇살 코칭

| 서상훈 지음 |

더디퍼런스

Part 1 ▶ 학습장애와 학습부진을 극복한 사람들

Part 3 ▶ # 영역별 학습부진 지도방법

Part 4 ▶ # 학습부진아 학습코칭 사례

학습부진 아이들에게는
햇살코칭이 필요하다

옛날 옛적, 하늘에 해님과 바람이 살고 있었다. 해님과 바람은 누가 더 힘이 센지 알아보기 위해 내기를 했는데, 나그네의 옷을 먼저 벗기는 쪽이 이기는 것이었다.

바람이 먼저 나서서 나그네를 향해 세차게 바람을 불기 시작했다. 그러자 나그네는 추위에 떨면서 옷깃을 여몄다. 옷을 벗지 않자 바람은 더 힘껏 불었고, 나그네는 바람이 세질수록 더욱 꽁꽁 옷깃을 붙잡았다. 결국 바람은 나그네의 옷을 벗기는 데에 실패하고 말았다.

이번에는 해님 나서서 나그네를 향해 부드럽게 햇볕을 쬐어주었다. 그러자 나그네가 옷깃을 내리고 단추를 풀기 시

《이솝 이야기》에 나오는 〈해님과 바람〉의 이야기를 통해 사람을 변화시키는 것은 '차가움과 강함'이 아니라 '부드러움과 따뜻함'이란 것을 깨달을 수 있다.

교육현장에서 학습부진아를 대상으로 학습코칭을 진행하면서, 동기부여와 긍정적인 메시지를 주기 위해 학습장애와 학습부진을 극복한 사람들의 이야기를 많이 했다.

보지도 듣지도 말하지도 못하는 시청각장애인이었지만 역사상 가장 위대한 인물이 된 헬렌 켈러, 발달장애로 IQ가 43에 불과한 저능아였지만 고등학교를 수석으로 졸업한 후 미국의 명문 플로리다애틀랜틱대학교를 최우수생으로 졸업한 라이언 카샤, 10살이 되어서야 글을 깨우칠 정도로 우둔했지만 59세에 과거 급제하고 조선 최고의 천재 시인이 된 백곡 김득신 등.

미운 오리 새끼가 화려한 백조로 변신하듯이, 학습부진아에서 위인으로 눈부시게 변신한 사람들 뒤에는 무한긍정의 에너지를 가진 선생님 또는 부모님이 있었다. 헬렌 켈러의 선생님 앤 설리번은 '너에게는 무한한 가능성이 있단다'라고 늘 말했고, 라이언 카샤의 부모님은 '친구들 말에 신경 쓰지 말고 무조건 노력하렴. 그럼 그 친구들 못지않게 잘할 수 있을 거야. 자, 다시 한 번 해볼까?'라는 말을 자주 했으며, 백곡 김득신의 부모님은 '나는 네가 미욱하면서 공부를 포기하지 않는 것이 대견스럽다. 더 노력해라, 공부란 꼭 과거를 보기 위해서 하는 것이 아니란다'라는 말로 격려했다.

가족이나 친척, 이웃 사람들이 '발달장애' '지진아' '저능아' '학습부진' '꼴찌' '바보' 등의 말로 놀리거나 야유를 보낼 때, 이들은 무한긍정의 에너지로 격려와 칭찬을 아끼지 않았다. 이들의 모습을 지켜보면서 학습장애아나 학습부진아를 변화시키는 것은 꾸지람과 질책 같은 '바람'이 아니라 칭찬과 격려 같은 '햇살'이라는 것을 깨닫게 되었다. 그래서 〈해님과 바람〉 이야기에서 아이디어를 얻어

이런 방식의 코칭방법을 '햇살코칭'이라고 부르기로 했다. 즉 햇살코칭이란 바람이 아니라 햇살이 나그네의 옷을 벗기듯이, 햇살과도 같은 무한긍정 에너지가 학습부진아들을 변화시킬 수 있다는 뜻을 담고 있다.

햇살코칭에 대한 이해를 돕기 위해 예를 하나 살펴보자. 한상복의 《한국의 부자들》이란 책을 보면 '눈가린 낙관론'과 '눈뜬 낙관론'이 나온다. 눈가린 낙관론이란 근거가 없고 머릿속에 그려진 공상만 있을 뿐이기에, 대개 허황된 꿈을 쫓으며 공상을 실현하기 위해 애를 쓰다가 자꾸 무리를 하게 되고 간혹 사기꾼으로 몰리는 경우도 있는 사람들의 이상주의를 말한다. 눈뜬 낙관론은 공상이 배제되고 냉혹한 현실에 기반을 둔 가정과 추론, 그런 다음 행동으로 이어지는 사람이 가진 현실적인 이상주의를 말한다.

예를 들어 중국에서 내의사업을 한다고 가정해보자. 눈가린 낙관론자는 '중국 사람이 10억 명도 넘는데, 팬티 1장씩만 팔아도 그게 얼마야?'라고 말한다. 그러나 눈뜬 낙관론자는 '중국의 광둥 지역은 중국에서 가장 서구화된 지역 중 하나이고, 특히 홍콩은 영국의 직접 지배를 받은 지역이라 아직까지 서양 문화가 남아 있어. 그러므로 지역적 특색을 고려해서 디자인을 해야 하고, 판로가 있는지 그리고 지역 내에서 제품 생산과 판매가 가능한지 알아봐야 해. 그러고 난 후에 수익성이 있다고 판단이 되면 투자를 해야겠어'라고 말한다.

일반적으로 부자가 되려면 눈가린 낙관론이 아니라 눈뜬 낙관론을 가지라고 말한다. 하지만 학습부진아들에게 필요한 것은 눈뜬 낙관론이 아니라 눈가린 낙관론이다. 이것저것 묻지도 따지지도 않고 무조건적인 사랑과 긍정의 눈으로 학습부진아를 바라봐야, 닫힌 마음의 문을 열고 따뜻한 긍정의 햇살이 마음속으로 들어갈 수 있다. 작은 빛이 생명을 키우듯이 한줄기 긍정의 햇살이 학습부진아의 자신감을 키울 거라 믿는다.

이 책에 담긴 햇살코칭이 학습부진아들에게 희망의 씨앗이 되기를 바라며 《마음을 열지 않는 자녀에게 가슴으로 가르치는 지혜》의 저자 루앤 존슨(LouAnne Johnson)의 말로 머리말을 마무리하려 한다.

나는 모든 학생들에게 너희의 성공을 확신하고 있다고 말한다. 진심으로 아이들의 성공을 확신하고 있기 때문이며, 어른이 아이에게 줄 수 있는 가장 소중한 선물이란 바로 미래에 대한 희망이라고 생각하기 때문이다. 나는 기적이나 신속한 해결책을 바라지 않는다. 꽃씨가 뿌려져서 꽃을 피우기까지는 시간이 필요하다. 하지만 아이의 마음속에 희망의 씨앗을 심어놓는다면 그 씨앗이 자라나리라는 것을 알고 있다.

아이의 마음속에 희망의 씨앗을 뿌려라. 비록 당신이 그 씨가 꽃으로 피어나는 모습을 곁에서 지켜보지 못한다 해도, 그 씨앗은 자라날 것이다.

어쩌면 학습부진아는
우리 자신이 아니었을까?

햇살코칭이라는 단어, 정말 마음에 든다. 10년 가까이 부모교육을 해오면서 나 역시 부모님들께 《이솝 이야기》의 〈해님과 바람〉을 자주 예로 들었다. 우리는 보통 아이들을 광폭한 바람으로 길들이려 한다. 부모님이나 선생님이나 아이가 잘못하는 것이 있으면 햇살처럼 친절하고 따뜻하게 알려주기보다 광폭한 바람처럼 야단치고 훈계하는 것이 보편적인 지도방법이었다. 그러다 보니 아이들도 모르는 게 생겨도 질문하고 알아가려 하는 대신, 바람을 피하듯 숨기고 움츠리고 회피하려고만 해왔다. 그러는 와중에 자신도 모르게 학습부진아가 되어버리는 것이다.

저자의 말대로 어쩌면 우리는 대부분 학습부진 상태가 아니었을까? 일반적인 아이들도 그럴진대, 학습결손이 있는 학습부진아들은 오죽할까. 야단맞는 게 싫어서 자기와 맞지 않는 학습 자체를 일찌감치, 아예 포기하게 되는 경우가 많은 것 같아 안타깝다.

이 책을 읽다 보니 나 역시 '큰아이를 키울 때는 햇살코칭방법을 쓰지 못했던 것 같다'는 생각이 새삼스레 들었다. 욕심에 눈이 멀어 성적이 제대로 안 나오는 과목에 집중을 했고, 어떻게든 '좋은 성적'이라는 결과를 나오게 하는 데에만 급급했던 시절이었으니까.

나는 우여곡절 속에서 큰아이를 키우며 나의 교육방식을 전면 수정하게 되는 '생애 사건'을 만났고, 그렇게 절치부심하던 중에 부모교육 강사가 되었다. 그리고 강사가 되고 난 후 진로수업을 통해 지역아동센터 아이들과 만나게 되면서 햇살코칭의 위력을 절감하게 되었다.

지역아동센터 아이들은 대부분 저소득층, 조손가정, 한부모 자녀 등이 많았다. 그래서인지 아이들은 생각한 것보다 마음속 상처가 많았고 언행이 거칠었다. 아이들과 8주 동안 진로수업으로 만나면서 세운 원칙은 단 하나였다. '땅에 떨어져 있는 아이들의 자존감이 조금이라도 회복되도록 돕겠다'는 것. 그때 내가 아이들에게 다가선 방식이 저자가 말하는 '묻지도 따지지도 않고 내리쬐는 따뜻한 햇살' 바로 그것이었다.

그때 만났던 아이들 중에서 특별히 기억나는 아이가 있다. 첫날 교실 문을 발로 뻥 차고 들어오며 욕설을 퍼붓던 6학년 남자아이였다. 아이는 스스로 장점이 하나도 없는 사람이라고 했다. '부모님께 듣고 싶은 말'을 적게 했더니, '어떤 말을 들어야 기분이 좋은지를 모른다'고 했다. 그렇다면 '듣고 싶지 않은 말'은 무엇인지 적어보라고 했더니, 입에 담지 못할 온갖 욕설로 A4 용지 앞뒤를 빼곡히 채웠던 아이였다.

꿈 같은 건 전혀 없다고 했던 그 아이는 옆 친구가 귀띔해준 자신의 장점을 토대로 처음 그림을 완성했다. 제목은 〈나의 꿈〉. 그림을 보니 섬세하면서 색에 대한 감각이 무척 좋았다. 총천연색이 울

긋불긋하게 펼쳐진, 축구복과 축구양말 심지어 골대까지 다른 색으로 멋을 낸 그림이었다. 나는 아이의 귀에 대고 작게 속삭였다.

"○○아, 선생님이 원래 누구한테 '너 이런 특기가 있는 것 같다'는 말을 잘 안 하거든. 그런데 우리 ○○이는 그림 솜씨가 완전히 수준급이네? 선생님이 깜짝 놀랐어."

그러자 아이는 내 얼굴을 흘끔 보더니 씩 웃고는 더 열심히 칠을 했다. 그림을 완성하고는 맨 위에 '나의 꿈, 축구 선수'라고 자랑스럽게 써넣었다.

유난히 인정욕구가 강했던 아이는 '처음으로 무언가를 완성했다'는 뿌듯함을 선생님이 알아주길 바랐고, 나는 그 아이에게 특별한 칭찬을 해주었다. 자신이 잘하는 것이 무엇인지 전혀 발견하지 못했다가 자신의 장점을 찾게 된 아이에게 장점을 토대로 꿈을 그려보라고 했다. 그리고 그 꿈이 나중에 정말 이루어지지 않더라도 내가 잘하는 것과 좋아하는 것은 무엇인지, 이다음에 어떤 모습으로 살게 될지 등, 자기 자신에 대해 생각해보고 그 생각을 그림으로 표현하는 건 정말 훌륭한 일이라고 말해주었다.

아이는 처음으로 친구들 앞에서 칭찬을 받은 듯했다. 첫날 문을 박차고 들어와 욕을 해대던 그 용맹한 모습은 어딘가로 사라지고, 선생님이 내리쬐는 한없이 따뜻한 햇살에 온몸을 맡기고 노곤해진 듯 수줍어하는 어린 남자아이가 되어 앉아 있었다.

아이는 그날부터 수업이 끝난 후 마지막까지 남아서 교실 정리며 쓰레기 버리는 일까지 도맡아 해주었다. 교실에서 욕하는 모습은 찾아볼 수도 없었다. 8회 차 수업을 마치는 날 아이들에게 그동안 열심히 수업에 참여해준 상으로 연필처럼 작은 선물을 하나씩 주었는데, 그때 특별히 선생님을 가장 많이 도와준 그 아이에게 '봉사상'으로 책을 1권 주었다. 아이는 감동을 받았는지 거의 울 것 같은 표정을 지었다. 수업이 끝나고 나설 때였다.

"선생님, 정말 다음 주부터 안 오세요? 우리는 여기 계속 있을 거니까 또 오셔도 돼요."

그 말은 자기를 문제아, 욕쟁이, 말썽쟁이가 아닌 있는 그대로의 모습으로 인정해준 선생님에게 주는 최고의 선물이었다.

이 책을 읽다 보니 수년 전에 만났던 그 아이들의 얼굴이 또렷이 떠오른다. 지금은 벌써 대학생이 되어 있지 않을까 싶다. 그 아이들을 만날 때 이런 책이 있었다면 얼마나 큰 도움이 되었을까? 아이들에 대한 무한긍정의 따뜻한 햇살이 가득 담긴 이 책을 센터 선생님들께 선물로 드리러 가야겠다. 그 친구들의 소식도 들을 겸 말이다.

(주)코리아에듀테인먼트 대표 유현심

Part 1

학습장애와 학습부진을 극복한 사람들

01

시청각장애인에서
유명 작가이자 연설가가 된 헬렌 켈러

이 세상에서 가장 아름다운 것은 보이거나 만져질 수 없다. 그것은 오직 마음속에서 느껴질 것이다. 행복의 한쪽 문이 닫히면 다른 쪽 문이 열린다. 그러나 우리는 이미 닫힌 문을 너무 오랫동안 보았기 때문에 우리를 위해 열려 있는 문을 보지 못한다.

_ 헬렌 켈러(Helen A. Keller)

영국 수상이었던 윈스턴 처칠(Winston L. S. Churchill)이 '우리 시대의 가장 위대한 여성'이라 칭송했고, 1999년 '갤럽이 선정한 20세기에 가장 널리 존경받는 인물 18인' 중 하나로 선정되기도 한 사람이 있다. 바로 헬런 켈러이다.

헬렌 켈러는 보지도 듣지도 말하지도 못하는 3가지 장애를 가졌지만 사교춤과 승마를 배우고, 영어 외에 라틴어와 프랑스어와 독일어를 습득했으며, 다른 학생들과 동일한 시험문제를 풀었고, 래드클리프대학교(1999년 하버드대학교로 완전흡수)에 입학해서 우수한 성적을 거뒀으며, 시청각장애인 중 최초의 대학졸업자가 되었다. 이후 장애인의 권리와 여성인권 신장, 사형폐지, 아동노동과 인종차별 반대 등 다양한 사회운동을 펼쳤다. 그와 동시에 세계적으로 유명한 작가이자 연설가로 성장했으며, 50개 이상의 언어로 번

역된 책을 13권이나 저술했다. 시각, 청각, 언어의 3가지 장애를 한 꺼번에 가졌음에도 정상인보다 더 훌륭한 업적을 남겼던 것이다. 사람들은 그녀가 이룬 성취에 대해 인간에게 닥칠 수 있는 최고의 불행을 극복한 '기적'이라고 불렀다. 그리고 헬렌 켈러의 기적 뒤에 는 그녀의 스승 앤 설리번이 있었다.

헬렌 켈러는 태어날 때부터 시청각장애인은 아니었다. 어머니 와 아버지의 존재를 인식하고 '엄마 아빠, 이리 와' 정도의 말을 알 아듣는 생후 19개월 무렵, 성홍열(붉은 발진이 나면서 열이 나는 감염성 질환)과 뇌막염에 걸려 뇌에서 급성출혈이 일어나는 큰 병을 앓는 바람에 평생 장애를 안고 살아가게 된 것이었다.

그녀의 어머니는 시청각장애인 로라 브릿맨의 성공적인 이야 기가 담긴 찰스 딕슨의 글을 읽고 큰 감명을 받았다. 그리고 로라 브 릿맨이 교육받은 퍼킨스시각장애학교에 연락을 취했다. 교장선생 님이었던 마이클 아나가노스는 20살의 졸업생 앤 설리번을 헬렌 켈러의 가정교사로 추천했다.

앤 설리번도 어릴 때 트라코마(전염성 세균에 의해서 일어나는 눈병) 로 눈이 잘 보이지 않았고, 불우한 어린 시절로 인해 굴곡진 삶을 살았다. 하지만 '장애를 장애로 생각하지 않고 조금만 도와주면 무엇이든 할 수 있다'는 믿음을 바탕으로, 장애인과 정상인을 차별하지 않는 타고난 교육자였다. 그녀는 아이들에게 일방적으로 지식을 주입하거나 성적순으로 줄을 세우면서 방기하는 교육을 하지 않았다. 아이들의 표정이나 동작을 잘 관찰한 후 적절한 가르침을 주고, 아이 스스로 생각하고 이를 발전시키도록 돕는 참교육을 했다.

헬렌은 설리번을 만나기 전까지는 마치 야수 같았다. 이 같은 폭력성 때문에 설리번의 치아 2개가 부러지기도 했다.

헬렌과 설리번 선생님이 처음 만난 날이었다. 헬렌은 설리번이 여행가방 여는 것을 도와주다가 선물로 가져온 인형을 발견했다. 인형을 느끼고 기뻐하는 헬렌을 보며, 설리번은 '헬렌에게 처음으로 낱말을 가르쳐줄 좋은 기회'라고 생각했다. 그리고 헬렌의 손바닥에 손가락으로 천천히 'd-o-l-l(인형)'이라고 쓰고, 헬렌도 자신의 손에 낱말을 따라 쓰면 인형을 주려고 했다. 하지만 헬렌은 인형을 빼앗기는 줄 알고 갑자기 화를 내면서 떼를 쓰기 시작했고, 결국 설리번은 헬렌을 의자에 눌러 앉히느라 녹초가 될 정도였다. 설리번은 이런 다툼을 계속해봤자 쓸데없다는 것을 깨닫고, 헬렌의 주의를 다른 데로 돌린 후 자유롭게 풀어주었다. 하지만 인형은 끝까지 주지 않았다.

헬렌은 어딜 가든 새롭게 접하는 사물의 이름을 열심히 묻고, 친구들에게 단어를 써주거나 만나는 사람들에게 철자를 가르쳐주고 싶어 하는 아이였다. 어느 날 설리번은 헬렌의 어린 사촌 동생이 언어 배우는 모습을 관찰하면서 '모방'의 원리를 깨닫게 되었다.

'아이는 배우는 능력을 가지고 태어난다. 따라서 외부에서 충분한 자극만 받으면 스스로 배울 수 있다. 사람들의 행동을 보며 따라 하기도 하고, 말소리를 들으며 따라 말하려고 한다.'

설리번은 언어습득의 원리를 깨닫고는 아기의 귀에 이야기하듯이 헬렌의 손에 이야기하기로 했다. 헬렌은 손바닥에 뭔가를 쓰는 방식으로 언어를 사용할 수 있게 되었고, 필요할 때는 몸짓이나 신호로 의미를 보충했다. 새로운 단어를 배우는 일은 헬렌에게 큰 기쁨이었고, 아는 단어의 수가 늘어날수록 헬렌의 표정도 풍부해져 갔다. 설리번은 이런 헬렌의 모습을 흐뭇한 표정으로 지켜보면서, 아이의 마음을 자극하고 흥미를 일으킬 수 있도록 최선을 다한 뒤에 결과를 기다리겠다고 마음먹었다.

아는 단어가 늘어나면서 헬렌은 몇 개의 단어가 연결되어 구성되는 짧은 이야기에 관심을 보였다. 설리번이 초보적인 문체로 쓰인 짧은 이야기가 담긴 점자동화책을 주자, 헬렌은 행을 따라 손가락을 움직이면서 읽어나갔다. 이야기에 재미를 느끼면서 헬렌은 2~3시간 동안 끊임없이 독서를 하다가 마지못해 책을 놓곤 했다.

그러던 어느 날이었다. 도서관을 나오는 헬렌의 표정이 무척이나 심각해 보였다. 설리번이 이유를 물었다.

"무슨 생각을 하고 있니?"

"우리가 이곳을 떠날 때는 왔을 때보다 얼마나 더 똑똑해지는지 생각하고 있어요."

"그럼 헬렌은 책을 왜 좋아하니?"

"책은 내가 볼 수 없는 재미있는 일에 대해 가르쳐주고, 또 사람들처럼 지루해하거나 불편해하는 일도 결코 없기 때문이에요. 내가 알고 싶은 것을 몇 번이든 가르쳐주기도 하고요."

설리번은 깜짝 놀랐다. 헬렌의 언어능력은 책을 가까이한 결과라고 확신했다. 그리고 아이의 대화와 문장은 아이가 읽은 내용의 무의식적인 재현이므로, 독서가 학교의 정규학습과는 별도로 이루어져야 한다고 생각했다.

헬렌은 수화 문자로 소통한 지 3년 후에 음성언어를 배우기 시작했다. 청각장애를 가진 아이들은 다른 사람이 말할 때 입술을 보면서 음성언어를 익힌다. 그러나 헬렌은 시각장애까지 있어서 입술을 볼 수가 없다. 그래서 설리번은 헬렌이 말을 배우기는 어렵겠다고 생각했다. 하지만 헬렌은 설리번의 입을 확실히 느낄 수 있다고 말을 했다. 게다가 집으로 찾아왔던 한 부인이 '노르웨이에 있는 소년이 손가락으로 선생님의 입술을 만지면서 말을 배웠다'는 이야기까지 전해주었다.

설리번은 헬렌에게도 음성언어교육을 해야겠다고 생각했다. 그러나 자신이 직접 음성언어교육을 하기에는 부족했으므로, 전문가인 풀러 선생님에게 헬렌을 데려갔다. 몇 번의 수업으로 헬렌은 영어의 음을 대부분 외우고, 1달이 되기도 전에 많은 단어를 정확하게 발음할 수 있게 되었으며, 단어를 연결한 문장도 발음이 가능하게 되었다.

헬렌이 자신의 생각을 정확한 발음으로 활기차게 이야기할 수 있게 된 일은 헬렌 자신의 기쁨이자 이를 지켜본 모든 사람들의 기쁨이기도 했다. 그렇게 지속적으로 수업을 받기 시작한 얼마 후였다. 한 청각장애인 교사가 놀라워하며 물었다.

"정규수업을 전혀 받지 않은 아이치고는 정말 말을 잘하는군요. 비결이 무엇인가요?"

"그것은 사람 흉내를 내는 습관과 연습, 연습 그리고 연습의 결과입니다."

설리번이 대답했다.

아이가 어떻게 말하는 방법을 배우는지는 자연이 결정한다. 우리가 할 수 있는 일은 가능한 쉽고 단순하면서도 부드러운 방법으로 아이를 도우면서 아이의 목소리를 잘 관찰하고 따라 할 수 있도록 격려하는 것뿐이다. 설리번의 언어교육방법은 몇 가지 원리로 요약할 수 있다.

1. 단어를 하나하나 분리하고 정의해서 따로 가르치는 것이 아니라, 어떤 단어를 잘 모르더라도 여러 번 반복해서 가르쳤다.

2. 아이가 싫어하거나 지루해하면 이야기하지 않았고, 흥미를 느끼는 것에서 시작했다.

3. 질문하는 아이가 입을 닫지 않도록 가능한 그 질문에 진실하게 대답했다.

4. 아이들을 관찰하면서 자신의 학생을 가능한 보통 아이와 다르지 않게

다루었다.

헬렌 켈러가 장애를 극복하고 위대한 성취를 이룬 비결은 크게 2가지이다. 먼저 19개월 동안은 눈이 보이고 귀가 들렸으므로 주변에서 일어나는 많은 정보를 조금이나마 감지할 수 있었으며, 이를 바탕으로 어느 정도 정신적인 성장이 있었다. 그리고 설리번 선생님에게 헌신과 사랑을 바탕으로 한 도전정신 그리고 실험을 두려워하지 않는 의지를 배웠기 때문이다. 설리번과 헬렌은 선생님과 학생이 되어 자연이라는 학교에서 늘 함께 놀고 탐구하면서 스스로를 교육했다.

헬렌 켈러는 한 강연회에서 청각장애를 극복하고 말을 할 수 있게 된 자신의 이야기를 사람들에게 할 수 있다는 사실에 기뻐하면서 다음과 같이 말했다.

저는 말하는 법을 배우려는 사람과 그것을 가르치고 있는 사람들에게 힘을 내라고 말하고 싶습니다. 오늘의 실패를 생각하기보다는 내일의 성공을 생각하기 바랍니다. 여러분은 스스로에게 어려운 일을 주었지만 참고 견뎌내면 반드시 성공할 거라 믿습니다. 아름다운 일을 달성하려는 우리의 노력은 결코 헛되지 않다는 것을 잊지 말아야 합니다.

언제, 어디선가, 반드시 우리는 바라는 것을 발견하게 될 겁니다. 우리는 말할 것이고, 노래도 부를 겁니다. 우리가 이야기하고 노래하도록 하나님이 의도한 대로 말입니다.

02

IQ 43의 저능아에서
명문대 최우등 졸업생이 된 라이언 카샤

미국의 명문대인 플로리다애틀랜틱대학교 졸업식에서 세상 사람들이 깜짝 놀란 일이 벌어졌다. 5살 때 IQ가 43밖에 안 돼서 친구들에게 정신지체아라며 따돌림받던 소년이 성장해 최우등상을 받은 것이었다. 주인공인 라이언 카샤(Ryan Kasha)는 '바보가 아니라는 것을 증명하고 싶었을 따름'이라고 담담하면서도 피맺힌 소감을 밝혔다.

미국 주간지 《내셔널인콰이어러》에 따르면 4년 과정을 3년 만에 마친 라이언의 평점은 4.0점 만점에 3.8점이었다. 전공 또한 수학 과목 중에서 '일반 학생들도 너무 어려워서 피한다'고 말하는 분석기하, 매트릭스이론, 미분과 적분 등이었다. 졸업 후 곧바로 석사과정에 진학한 라이언은 박사 학위까지 취득할 계획이다. 수학 교사를 꿈꾸는 라이언은 이렇게 말한다.

"모든 사람이 저를 제쳐놓는 것은 당연해요. 초등학교에 진학하기 전에 유치원과정을 2번이나 다녀야 했으니까요."

의사로부터 지진아 판정을 받은 라이언에게 공부는 수행과정과 비슷했다. 어떤 내용이든지 1번으로는 이해가 안 돼 수십 번씩 연습과 훈련을 하면서 반복학습을 해야 했다. 게다가 심하게 말을 더듬고 한쪽 눈은 아래로 처지고 걸음걸이도 뒤틀렸기 때문에, 심술궂은 아이들이 들볶기 일쑤였다. 말투를 흉내 내면서 놀리는 것은 기본이고 돌팔매질까지 해대는 통에 도망치듯 울면서 집으로 돌아가는 날이 많았다. 그의 가슴 아픈 눈물을 공부에 대한 강력한 의지로 바꾼 이들은 부모님이었다.

아버지 켄은 '친구들의 말을 무시해라. 왜냐하면 너도 노력하면 그들 못지않은 사람이 될 수 있기 때문이다'라고 말하며 아들에게 자신감을 심어주었다. 그때부터 라이언은 무조건 남들보다 2배 이상 노력했고, 부모님도 극진한 애정과 정성으로 그를 돌봐주었다. 매일 방과 후에 부모님과 함께 공부했고, 지체아학교에서 일반 학교로 전학해 보통 아이들과 경쟁했다.

라이언이 고등학생이 되었을 때 이런 노력이 드디어 꽃피우기 시작했고, 전 과목 성적 A라는 성과를 냈다. 라이언은 '지진아들도 사회가 포기하지 않고 끝까지 지켜봐 준다면 얼마든지 해낼 수 있다'고 말하며 밝은 표정을 지었다.

'천재는 1퍼센트의 재능과 99퍼센트의 노력으로 이루어진다' 는 말이 있다. 즉 후천적인 연습과 훈련이 선천적인 재능보다 중요 하다는 말이다. 아무리 재능이 뛰어나도 노력과 연습이 없으면 비 범함을 잃고 평범해진다. 반면 아무리 재능이 없어도 피나는 노력 과 연습으로 뛰어난 성과를 낼 수 있다.

라이언 카샤의 사례를 통해 IQ 43의 발달장애를 가진 사람도 불굴의 의지를 가지고 올바른 방법으로 연습과 훈련을 하면 공신이 될 수 있다는 사실을 알 수 있다. 우리의 지능이 IQ 43을 넘는다면 공신이 될 충분한 조건을 갖추고 있는 것이다. 우리가 해야 할 유일 한 일은 신이 인간에게 선물한 천부적인 재능을 일깨우는 것이다.

라이언 카샤의 성공 비결 속에는 '알보시고(알려주고, 보여주고,

시켜보고, 고쳐주고)'라는 배움의 원리와 '5회 이상의 주기적 반복'이라는 학습법의 원리가 숨어 있다. 그리고 특별한 아이가 탁월하게 변화된 가장 큰 이유는 '될 때까지 하면 된다'는 성공의 원리 때문이다.

아메리칸인디언들은 비가 올 때까지 기우제를 지내서 100퍼센트 성공을 자랑하고, 피터 드러커는 100세 가까이 지속적인 연구와 저술로 '경영의 구루' 자리에 올랐다. 기억과 학습의 원리는 IQ 43의 저능아를 천재 수학자로 바꾸어놓을 만큼 위대하다.

10살에 글을 깨친 우둔아에서
천재 시인이 된 백곡 김득신

백곡 김득신(柏谷 金得臣)은 명문 사대부가의 자손으로 태어났다. 김득신의 아버지는 정삼품 부제학을 지낸 벼슬아치였다. 태몽에 나온 '노자'의 정령을 받고 태어났으나 어릴 때 천연두를 앓았다. 10살에 겨우 글을 배우기 시작하자 주위에서 '우둔한 아들을 포기하라'며 수군거리기도 했다. 하지만 김득신의 아버지는 개의치 않고 오히려 이렇게 말했다.

"나는 저 아이가 저리 미욱하면서 공부를 포기하지 않는 것이 대견스럽다네."

나이 20살에 겨우 스스로 작문을 할 수 있게 되자 김득신의 아버지는 그를 더더욱 격려해주었다.

"더 노력해라. 공부란 꼭 과거를 보기 위해서 하는 것이 아니란다."

여러모로 부족함을 느낀 김득신은 다른 친구들이 책을 1번 읽을 때 자신은 1만 번을 읽겠다고 결심하고는 읽고 읽고 또 읽으며 치열하게 노력했다. 사람들은 '그의 서재에서는 글 읽는 소리가 끊이지 않는다'며 '억만재(億萬齋)'라고 불렀다. 김득신이 글을 읽을 때, 1만 번이 넘지 않으면 멈추지 않았다고 해서 붙은 이름이라고 한다.

어느 날 김득신은 하인과 길을 가던 중이었다. 담 너머로 선비가 글 읽는 소리를 들려왔다.

"익숙한 글인데 무슨 글인지 생각이 안 나는구나."

김득신의 말에 하인이 대답했다.

"나리, 정말 모르신단 말씀이십니까? 이 글귀는 나리가 평생 읽으신 것이어서 쇤네도 알겠습니다요."

그 글은 바로 사마천의 《사기》 가운데 〈백이전〉으로, 그가 무려 11만3,000번이나 읽은 글이었다.

김득신 역시 여느 선비들과 마찬가지로 친구들과 함께 정자에 둘러앉아 시를 주고받기도 했다. 하루는 김득신이 친구들에게 '오늘 시를 지으면서 훌륭한 구절을 얻었다네'라고 말하며 시를 읊었다.

그러자 친구들이 김득신에게 말하였다.

"이 시는 이백의 〈봉황〉 아니던가!"

수만 번 외워도 잊어버리고 착각했던 김득신은 특별한 기록을 한다. 1만 번 이상 읽은 책들만 베껴 쓴 〈독수기〉를 기록하기 시작한 것이다. 매일 읽은 글의 제목과 횟수를 꼼꼼히 기록한 것이라서 오늘날의 '독서일기'와 비슷하다고 보면 된다. 〈독수기〉에는 36개의 고서에 대한 섬세한 평이 담겨 있다.

김득신은 이 같은 노력 끝에 59세에 문과 급제하여 성균관에
입학하였다. 그리고 조선 시대 오언절구와 칠언절구의 대가로 이름
을 떨치게 된다.

그의 절구시 〈용호〉의 첫 구절이다. 조선의 효종은 이를 두고
'당시(唐詩) 속에 넣어도 부끄럽지 않다'고 칭찬했다. 서계 박세당은
'그는 옛글과 남의 글을 다독했음에도 그것을 인용하지 않고 자기
만의 시어로 독창적인 시 세계를 만들었다'고 칭송하였다.
조선 최고의 시인으로 추앙받았던 김득신은 자신의 묘비에 이

런 글귀를 남겼다.

백곡 김득신은 어린 시절 '바보 같다'는 놀림을 받았지만, 엄청난 독서와 필사를 통해 조선 최고의 시인으로 이름을 날리게 되었다. 여러 벼슬을 거치면서도 늘 책에서 배운 대로 말하고 행동했으며, 세상에 이름을 드러내는 것보다는 묵묵히 책을 벗 삼아 살았던 그는 치열한 노력의 가치를 보여준 참된 지식인이다.

학습장애를 극복하고
세계 최고의 영화감독이 된 스티븐 스필버그

스티븐 스필버그(Steven Spielberg)는 '흥행제조기'라 불리는 세계 최고의 영화감독이다. 1993년의 〈쉰들러 리스트〉와 1998년의 〈라이언 일병 구하기〉로 아카데미상 감독상을 수상했고, 2001년에는 영국 명예 KBE훈장(외국인 대상 명예훈장)을 받았으며,《타임》지가 선정한 '20세기의 가장 중요한 인물 100인'에 뽑히기도 했다.

스필버그는 어릴 때 모범적인 아이가 아니었다. 오히려 가족이나 이웃이 골머리를 앓을 정도로 장난이 심한 말썽꾸러기에다 악동이었다. 어머니와 여동생들은 그를 무서워하며 항상 긴장의 끈을

놓지 못했는데, 스필버그의 장난이 또래 꼬마가 저지르는 수준을 넘어서 도가 지나친 경우가 많기 때문이었다. 동생에게 영화 주인 공을 시켜주겠다면서 오랫동안 뜨거운 태양을 쳐다보게 해서 눈이 멀 뻔한 적도 있었고, 미라처럼 온몸에 화장지를 감고 와서는 사람들을 놀라게 만든 적도 있었다.

스필버그는 상상력이 풍부한 아이였다. 깜깜한 밤에 침대에 누워 있다 보면 나뭇가지가 창을 깨고 들어올 것 같기도 했고, 장롱이 괴물로 변해서 자신을 삼키려고 달려들 것도 같았고, 방 안의 물건이 머리 위로 날아다니다가 떨어질 것 같아 잠도 못 자고 이불 속에서 덜덜 떠는 날이 많았다. 텔레비전을 너무 좋아했던 스필버그는 텔레비전 프로그램을 보다가 갑자기 펑펑 울기도 했다.

악동 소년은 8살 때 카메라를 만나면서 달라지기 시작했다. '가족 캠프 모습을 담자'며 어머니가 아버지에게 8밀리미터 코닥 무비 카메라를 사 주었던 것이다. 하지만 스필버그는 아버지가 찍은 장면이 마음에 들지 않았다. 그렇게 몇 년을 지켜보다가 12살이 되던 해에 드디어 말했다.

"제가 우리 가족의 카메라맨을 할게요."

아버지에게 카메라를 넘겨받은 스필버그는 홈비디오를 드라마로 만들겠다고 마음먹었다. 자신은 감독이, 가족들은 주인공이 되어 한 편의 영화처럼 촬영하면서 소년은 카메라를 가지고 노는 재미에 푹 빠지게 되었다. 그는 다양한 실험적인 장면을 촬영하기도 하고 시나리오를 쓰거나 영화로 옮길 장면을 그림으로 그리기도 했다. 집안의 골칫거리였던 악동 소년은 스스로 할 수 있는 일이 처음으로 생겼다는 사실이 정말 기뻤다.

꼬마 감독이 지나치게 카메라에 집착하며 촬영 놀이에 빠져 있을 그때, 오히려 아버지는 아들에게 카메라를 넘겨준 것을 후회하고 있었다. 스필버그가 영화를 만들겠다며 시나리오 작업에 열중하자 성적이 바닥을 치기 시작했던 것이다. 학교에서 낙제하는 일이 많아졌고, 학교에 가지 않는 날도 늘어났다.

영화감독처럼 예술적인 일보다는 과학자나 기술자처럼 경제력이 보장되는 일을 하길 바란 아버지는 아들을 지켜보며 걱정이 늘어갔다. 스필버그는 수학이나 과학 따위에는 전혀 관심이 없었다. 오히려 숙제를 할 필요조차 느끼지 못했다. '숙제를 왜 안 하느냐'고 물으면 '영화 만드는 일에 그런 건 별로 도움이 되지 않아요'라고 변명했다. 스필버그는 학교에서 가르치는 공부는 쓸모없다고 생각했을뿐더러 학교 다니는 일 자체를 싫어했다. 스필버그의 아버지는 '이러다가 고등학교도 졸업하지 못하겠다'는 걱정에 아들의 공부를 도와주려 했지만 그는 고등학교 3년 내내 낙제생이었다.

사실 스필버그가 학교에 적응하지 못하고 낙제를 하면서 지진 아 판정을 받은 이유는 글자를 제대로 읽지 못하는 '난독증' 때문이었다. 그래서 공부하는 것도 어려웠고, 독서도 무척 싫어한 것이었다. 심지어 스필버그는 자신이 쓴 시나리오 1편을 읽는 데에도 몇 시간씩 걸렸다.

공부는 못했지만 영화로 세계적인 슈퍼스타가 된 스필버그의 뒤에는 어머니가 있었다. 어머니는 아들을 잘 이해해주었고, 아들 이 원하는 것은 무엇이든 들어주려고 노력했다. 영화 편집을 하느라 학교에 가기 싫다고 꾀병을 부리는 줄 뻔히 알면서도 몇 번이고 속아주었다. 게다가 일주일에 하루 정도는 학교에 안 가는 것도 허락해주었다. 12살 때는 '사막에서 영화를 찍고 싶다'고 말하는 아들을 위해 그곳까지 데려다주기도 했다. 또한 '체리캔들이 폭발하는 장면을 찍고 싶다'고 했을 때는 아들을 도와주다가 새로 설치한 주방 수납장을 부수기도 했다.

누군가의 눈에는 스필버그의 어머니가 지나칠 정도로 관대했을 수도 있다. 하지만 그 모든 것은 아들을 믿었기에 가능한 행동이었다. 그리고 아들을 친구나 동료처럼 생각하면서 설교하듯이 말하지 않고 편안하게 대화를 나누었다. 그런 어머니 덕분에 오늘날의 스티븐 스필버그가 있는 것이다.

05

난독증을 극복하고
세계적인 억만장자가 된 리처드 브랜슨

'난독증'은 지능과 시각이 정상이고 듣고 말하는 데에도 별다른 지장을 못 느끼며 다른 학업영역에는 적절한 기술이 있지만, 단어를 정확하게 읽지 못하거나 철자를 인지하지 못하는 학습장애를 말한다. 보통 뇌 회로의 측두-두정 영역과 후두-측두 영역의 '후방 읽기 시스템'에 생긴 결함에서 기인한다. 글자를 해독하지 못하며 글자가 뜻을 알 수 없는 기호처럼 보여서 읽는 데에 어려움을 겪는다. 난독증은 선천적으로 일어나며 후천적으로 발생하는 경우는 드물다.

중요한 점은 난독증은 지능과 상관없다는 것이다. 따라서 난독증을 극복했거나 혹은 여전히 난독증을 앓고 있는 사람들 중에는 사회적으로 성공한 사람이 많다. 퓰리처상을 받은 극작가 웬디 워서스타인, 에미상을 받은 드라마 작가 스티븐 캐널, 유명 영화배우 톰 크루즈 등이 대표적인 예이다. 난독증이 있는 사람 중에는 시각적 사고력, 통찰력, 직관력, 문제해결력, 상상력, 단순화 능력 등이 뛰어난 경우가 많다. 글자를 읽기 힘든 만큼 다른 방식으로 기억하고 생각하기 때문이다. 특히 사업가로 성공한 사람이 많다. 이제 그 대표적인 사례를 살펴보려 한다.

전 세계 400여 개의 자회사를 두고 5만 명의 직원을 채용한 유럽에서 가장 큰 기업, 그리고 《타임》지가 '롤스로이스 이래 영국 최고의 브랜드'라고 평가한 곳이 있다. 바로 버진그룹(Virgin Group)이다. 그리고 버진그룹의 창업주 리처드 브랜슨(Richard Branson)도 난독증으로 고생한 사람이었다.

브랜슨은 선천성 난독증 때문에 글을 읽고 쓸 줄 몰라서 학교 수업을 전혀 따라갈 수 없었다. 모든 시험에서 낙제했고 늘 꼴찌에서 맴돌았다. 선생님에게 회초리로 맞는 날이 많았고, 교장선생님에게 '너무 멍청하다' '게을러서 숙제를 안 한다'는 이유로 신체적 학대를 받기도 했다. 16살 때는 런던 지역의 대학생들을 위해《스튜던트》라는 잡지를 창간했다. 잡지를 편집하지도 읽지도 못했지만, 기숙사 공중전화를 이용해 잡지를 파는 데에는 탁월한 능력을 발휘했다. 그러나 결국 난독증으로 학업에 어려움을 겪다가 고등학교를 중퇴하고 말았다. 브랜슨이 학교를 그만둘 때, 교장선생님은 그가 감옥에 가거나 백만장자가 되거나 둘 중 하나일 거라고 예감했다.

브랜슨은 10대 이후로 어떤 사업이든 일상적인 업무에는 손을 대지 않았다. 게다가 회사 경영의 가장 기본인 재무제표도 읽지 못했다. 그러나 회사를 설립하고, 그만의 독특한 경영전략과 마케팅 방법으로 버진애틀랜틱항공, 버진메가스토어, 버진호텔, 버진모바일, 버진머니, 버진와인 등 수백 개가 넘는 브랜드제품과 서비스를 선보였다. 그가 지금까지 번 돈은 약 420억 달러나 된다. 영국의 엘리자베스 2세는 브랜슨에게 기사 작위를 주었고, 세계적인 경영컨설팅그룹 액센추어는 그를 '50대 경영 구루'로 선정했으며, 언론은 '포스트 잡스(Post Jobs)의 시대를 이끌 인물'로 손꼽았다. 브랜슨이 이런 성과를 낸 비결은 남다른 생각과 반항아 기질, 모험심, 도전정신, 업무 위임 등이다.

브랜슨은 버진의 반항적인 이미지를 널리 알리기 위해 열기구를 타고 세계 일주를 하고, 모터보트를 타고 대서양을 건너고, 탱크를 타고 타임스퀘어에 등장했다. 이러한 브랜슨의 모험가 기질은 남자만 파일럿이 될 수 있던 시대에 남장까지 해가며 비행기 조종사의 꿈을 이룬 어머니에게 물려받은 것이다. 그녀는 아들을 독립적으로 키우기 위해 브랜슨이 4살밖에 안 됐을 때 집에서 8킬로미터나 떨어진 들판에 데려다 놓고 집까지 찾아오라고 했고, 12살 때는 추운 겨울날 지도 1장만 들고 자전거로 80킬로미터를 달려 친척 집에 다녀오게 했다.

어머니 덕분에 자립심과 자신감을 키운 브랜슨은 어릴 때부터 사업을 시작했다. 9살 때는 집 앞마당에서 어린 묘목을 길러 크리스마스트리로 팔았고, 20살 때는 음악을 들어보고 이야기를 나눌 수 있도록 매장을 꾸며서 음반이 아니라 즐거움을 파는 가게를 운영했으며, 22살 때는 음악 천재 마이크 올드필드(Mike Oldfield)의 앨범을 제작하면서 음반회사를 운영했다. 그는 즐거움을 추구하며 대담하게 사업을 확장시켜나갔다. 그리고 자신의 회사를 항공, 고속열차, 은행, 음료, 호텔, 영화, 이동통신, 친환경연료 등 400개가 넘는 브랜드를 가진 대기업으로 성장시켰다.

난독증을 극복하고 세계적 사업가로 우뚝 선 리처드 브랜슨은 이렇게 말한다.

"우등생과 기업가의 자질은 전혀 다릅니다."

그는 그 둘의 자질을 이렇게 설명한다. 우등생의 자질을 가진 학생은 학교시스템에 복종하면서 선생님 말씀을 잘 듣고, 열심히 교과목을 암기해서 우수한 성적을 거두는 '좋은 학생'이다. 하지만 기업가의 자질을 가진 학생은 무한한 꿈과 열망, 호기심, 고집, 반항심 때문에 학교에서 문제아로 불리는 '나쁜 학생'이다. 학교에서는 우등생의 자질이 어려운 이론을 배우고 학위를 받는 데에 유리하게 작용하지만, 사회에서는 그 자질이 이론에 갇혀서 새로운 생각과 도전을 못 하도록 막는다. 오히려 불리하게 작용하는 것이다. 리처드 브랜슨은 난독증도 어떻게 바라보느냐에 따라 장점이 될 수도 있음을 세상을 향해 증명해 보이고 있다.

발달장애를 극복하고
초콜릿회사 CEO가 된 루이스 바넷

'발달장애'란 신체와 정신이 해당하는 나이의 정상발달 기대치보다 25퍼센트 정도 뒤처진 상태를 말한다. 염색체 이상과 출산 전후의 기간 이상, 미숙아 등의 생물학적인 요인과 산모의 음주나 약물 중독, 부모와의 격리 등 환경적인 요인을 발달장애의 원인으로 본다.

발달장애는 운동발달 지연, 언어발달 지연, 전체적 발달 지연 등으로 나눌 수 있으며, 뇌성소아마비나 정신지체, 근육질환, 말초신경 및 신경근 질환, 청력소실, 자폐증 등이 나타날 수 있다. 생후

1~2세 사이에 말이 느리거나 말을 알아듣지 못하는 모습을 보이면 발달장애의 가능성이 있기 때문에 주의해야 한다.

이 같은 발달장애를 극복하고 쇼콜라티에, 즉 초콜릿아티스트가 되어 '초콜릿(Chokolit)'이란 회사의 CEO가 된 사람이 있다. 바로 루이스 바넷(Louis Barnett)이다. 그는 고객만족도 1위를 자랑하는 영국의 고급 슈퍼마켓 체인 '웨이트로즈'의 최연소 제품공급업자라는 기록을 세웠고, 초콜릿산업의 노벨상이라 할 수 있는 '세계 초콜릿대사(World Chocolate Ambassador)'로 임명되었으며, 초콜릿산업에서 가장 위대한 혁신가로 인정받으면서 '초콜릿계의 저스틴 비버'라고 불린다.

바넷은 음식에 대한 호기심이 많은 아이였다. 4살 때부터 어머니와 함께 빵과 쿠키를 구웠다. 하지만 학교에 입학한 뒤로는 선생님의 기대를 충족시키기 위해 힘든 시기를 보냈다. 어휘나 일반 상식은 괜찮았지만, 수학과 작문이 약해서 계속 지적을 받았다. 그는 학교 친구들과도 잘 어울리지 못해서 싸움에 휘말리거나 따돌림을 받았다. 몇 년 동안 이런 생활이 지속되자, 그의 부모님은 아들에게는 정규학교시스템의 교육이 어렵다고 판단했다. 그리고 아들을 학교에서 해방시켜주었다. 바넷은 자퇴 후에야 발달장애와 난독증, 난산증 등이 있다는 진단을 받았으며, 그제서야 왜 그렇게 학교 공부가 힘들었는지 알게 되었다.

바넷은 부모님과 홈스쿨링을 시작했다. 처음 3달은 책을 읽으며 일상에서 접하는 사물과 현상에 대해 이야기를 나누고, 생활 속의 모든 것을 수업으로 만들었다. 그런 다음 가정교사를 통해 바넷이 관심과 흥미를 보이는 것이 무엇인지 발견하도록 했다. 학교에서는 바넷의 뒤떨어진 과목을 주목했지만, 홈스쿨링에서는 바넷의 관심사에 더 집중했다. 바넷은 동물 돌보기와 요리를 좋아했는데, 그중에서도 초콜릿 연구를 특히 좋아했다. 그러던 어느 날 바넷은 부모님께 '쇼콜라티에가 되고 싶다'고 말했다.

바넷이 다양한 초콜릿의 세계로 빠져들 즈음, 친척 아주머니 한 분이 50번째 생일을 맞이하였다. 바넷은 초콜릿케이크를 만들어 선물했는데 이 케이크가 큰 인기를 얻었다. 케이크를 맛본 친구들과 가족들이 계속 만들어달라고 요청했고, 근처 식당과 빵집에서도 주문이 밀려들기 시작했다.

바넷은 주문의 수요를 맞추기 위해 부엌에서 차고로 작업장을 옮겼고, 지역센터의 보조금과 조부모의 지원금으로 초콜릿회사를 설립했다. 이때 지은 'Chokolit'이란 회사명은 난독증인 그가 'chocolate'의 철자를 잘못 썼을 때를 떠올려 만든 이름이다. 자신이 난독증임을 부끄러워하지 않고 당당하게 밝힌 것이다.

바넷은 영국의 초콜릿시장이 위축되면서 위기를 맞기도 했지만 재빨리 세계로 눈을 돌려 미국과 멕시코, 오스트레일리아, 폴란드, 중동 국가로 수출하였다. 그 결과 지금은 세계 20개국 이상에 초콜릿을 공급하고 있다. 바넷의 초콜릿이 세계시장에서 인정받을 수 있는 이유는 2가지이다.

1. 난독증으로 인한 사물을 다르게 보는 능력이 독특한 재료와 아이디어로 이어졌다. 바넷은 먹을 수 있는 초콜릿박스를 만들기도 했고, 이국적인 재료를 초콜릿에 첨가하기도 했으며, 초콜릿핸드백이나 초콜릿샴페인잔 그리고 초콜릿가구까지 만들었다.

2. 건강에 좋은 최고의 재료만을 고집했다. 바넷은 '무엇을 넣을 것인지'보다 '무엇을 뺄 것인지'를 더욱 중요하게 여겼고, 대부분의 초콜릿제품에 포함된 야자유를 제조과정에서 없앴다.

바넷은 학습장애가 '장애'가 아닌 '능력'이라고 말한다. 난독증과 난산증 때문에 손으로 글씨를 쓰거나 머릿속으로 계산하는 것은 어렵다. 그렇지만 사람들보다 더 수월하게 할 수 있는 일이 무언가 있다. 시각이 약해지면 청각이 발달하고, 청각도 약해지면 촉각이 발달하게 마련이다. 이와 마찬가지로 어떤 결핍이 있으면 그 빈자리가 또 다른 능력으로 채워지는 법이다.

학교 안에서 구제불능아이자 쓸모없는 존재였던 바넷은 학교 밖에서 아이디어뱅크이자 훌륭한 사업가로 성장했다. 바넷은 발달 장애로 왕따를 당했던 소년도 자신의 길을 훌륭하게 걸어갈 수 있다는 것을 멋진 이야기로 보여주고 있다.

07

ADHD를 극복하고
하버드대학원 교수가 된 토드 로즈

'ADHD(Attention Deficit Hyperactivity Disorder)'는 '주의력결핍 과잉행동장애'를 뜻하는 말이다. 집중력이 떨어지고, 주의력이 부족하며, 충동을 통제하는 능력이 부족하고, 지시를 따르고 과제를 완수하는 데에 어려움을 보이는 증상을 말한다.

ADHD인 아이가 과잉행동증상을 보이는 이유는 뇌의 도파민 분비량이 적어서 지루함을 참지 못하고 새로운 자극을 찾기 위해 부지런히 노력하기 때문이다. ADHD는 유전적인 요소와 환경적인 요소의 복합적인 작용으로 생긴다고 알려져 있다. 또 건망증이나 불안증상, 초조함 등을 동반하기도 한다. ADHD에 관하여는 '정신장애이기 때문에 의학적 치료를 해야 한다'는 입장과, '진화과정에서 생긴 정신상태이므로 치료가 아니라 코칭을 해야 한다'는 입장이 대립 중이므로 각별한 주의를 요한다.

이 같은 ADHD를 극복하고 하버드교육대학원 교수가 된 사람이 바로 토드 로즈(Todd Rose)이다. 그는 교육신경과학 분야의 선도적인 사상가로서 전 세계 석학들이 지식을 나누는 TED(Technology Entertainment Design, 미국의 비영리재단에서 운영하는 강연회) 무대에 선 적도 있다. 그는 '변형가능성 프로젝트'를 통해 학습자 개개인의 잠재력을 실현할 수 있는 방법을 연구하고 있다.

로즈는 어릴 때부터 과잉행동을 하는 아이였다. 추운 겨울날 목욕을 하고 나온 벌거벗은 동생을 문밖에 내놓고 문을 잠그기도 했고, 엄마가 '천사'라고 부르는 여동생이 정말 날 수 있는지 알아보기 위해 2층에서 밀어버리기도 했으며, 낯선 사람의 자동차에 충동적으로 돌을 던지기도 했다. 중학교 1학년 때는 미술 선생님이 마음에 들지 않는다는 이유로 악취폭탄 6개를 터뜨려서 교실을 아수라장으로 만들기도 했다. 그리고 로즈는 의사로부터 ADHD라는 진단을 받았다.

　로즈가 온갖 악동 짓을 저지르면서 학교에 적응하지 못했던 이유는 잠시도 가만있지 못하고 충동적으로 행동하는 ADHD의 증상 때문이기도 했지만, 선생님이 자신을 믿어주고 격려해주지 않은 데에 대한 반항심도 컸다.

　한번은 국어 선생님이 가장 멋진 시를 쓴 학생에게 초콜릿바를 선물로 주겠다고 약속했다. 로즈는 3일 동안 밤을 새며 열심히 시를 써서 제출했다. 평소에도 시 쓰기를 좋아했고, 어머니와 할머니에게 시를 잘 쓴다고 칭찬도 받아왔기에 기대가 컸다. 하지만 결과는 F였다. 선생님이 생각하는 것보다 수준이 높다는 이유였다. 로즈의 어머니는 아들의 억울함을 풀어주고자 학교에 찾아가 그동안 아이가 쓴 시를 보여주면서 선생님을 설득했지만 소용이 없었다.

　로즈는 자신을 인정하지도 믿어주지도 않는 선생님 때문에 큰 실망감과 패배감에 빠졌다. 이 사건 이후 학교를 자퇴하고 싶어졌고, 더 이상 아무런 노력을 하지 않게 되었다. 로즈는 무기력과 부정적 피드백이 되풀이되는 악순환에 빠져버렸다. 훗날 로즈는 '만약 그때 선생님이 자신을 믿어줬다면 나 자신을 문제아가 아니라 작가로 인식했을 거예요'라고 말하며 무척이나 아쉬워했다.

　　자신감을 상실한 로즈는 전교 꼴찌가 되었고, 결국 졸업점수 미달로 고등학교를 그만두게 되었다. 그는 백화점에서 최저임금을 받고 일하기 시작했다. 그러던 중 여자친구의 임신으로 결혼식을 올렸다. 몇 달이 지나자 아들이 태어났다. 로즈는 불과 19살에 한 아이의 아버지가 되었다. 로즈는 가족에 대한 책임감으로 일을 했다. 하지만 어떤 직장에서도 3개월 이상 붙어 있지 못하고 이리저리 일자리를 옮겨 다녔다. 처음에는 활기차게 일을 잘했지만 매일 똑같은 일을 해야 한다는 사실에 지루함을 느껴서 반복되는 일을 참아내지 못했기 때문이다. 이런 그를 동료들은 '타고난 게으름뱅이'라고 불렀다.

　　방황하던 청년이 하버드대학교의 대학원생으로 변신할 수 있었던 데에는 부모님의 정서적인 지지가 컸다. 로즈의 어머니는 아들의 상태를 이해하려고 학습장애에 대해 열심히 공부했다. 그리고 아들에게 꾸중이나 처벌보다는 칭찬과 격려를 더 많이 해주었다. 아들이 아무리 큰 사고를 쳐도 화를 내거나 막말을 하지 않았으며, 언제나 아들 편을 들어주었다. 학교에서 선생님과 친구들의 공격으로 지친 아이가 집에서만큼은 충분한 사랑을 받으면서 힘을 얻기를 바랐다. 로즈의 어머니는 로즈에게 늘 말해주었다.

“너는 좋은 사람이 될 거야.”

로즈의 아버지도 늘 아들을 격려해주었다.

“실수는 누구나 하는 것이란다. 그렇기 때문에 실수한 다음에 어떻게 대응하느냐가 중요하단다.”

“네가 계속 실패하는 이유는 게을러서가 아니야. 그저 쉽게 지루함을 느끼기 때문이란다. 그러니 실패할 때마다 지적 도전의 기회로 여기려무나.”

로즈는 부모님의 조언으로 자신감을 얻었다. 그리고 집 근처의 평생학습기관인 커뮤니티칼리지(대학)의 야간강좌를 들으며 다시 공부를 시작했다. 경제학, 대인심리학 등 자신이 흥미를 느끼는 분야를 스스로 선택해서 공부하니, 이제는 공부가 재미있게 느껴졌다. 로즈는 열정적으로 공부에 빠져들었다. 다행히도 대학교수들은 고등학교 선생님들과는 달리 로즈를 훌륭한 학생으로 대해주었다. 과제를 제출하지 않으면 ‘이건 너답지 않은 행동이야’라고 단호하게 말할 정도였다. ‘나다운 것’이 대학에서는 긍정으로 정의되었던 것이다.

특히 심리학과의 줄리앤 아버클 교수는 로즈를 무척이나 아끼고 사랑했다. 하루는 로즈가 결혼기념일 외식을 하느라 연락도 없이 수업에 빠진 적이 있었다. 그러자 아버클 교수는 '눈보라가 치는 날씨에 로즈에게 무슨 일이 생긴 건 아닌지 걱정된다'면서 수업을 휴강했다. 이 사실을 전해 들은 로즈는 큰 감동을 받았고, 아버클 교수의 기대에 부응하기 위해 더욱 열심히 공부했다. 마침내 로즈는 전 과목 A학점을 받는 우등생이 되었으며, 우수한 성적으로 졸업했다.

로즈의 이야기는 하버드대학교 사회심리학과의 로버트 로젠탈 교수가 말한 '피그말리온 효과'의 생생한 사례라고 할 수 있다. 로젠탈 교수의 피그말리온 효과 실험은 다음과 같다.

로젠탈 교수는 샌프란시스코의 어느 초등학교에서 전교생을 대상으로 지능 검사를 하였다. 그런 다음 무작위로 선정한 20퍼센트 학생들의 명단을 교사에게 주고 '지적으로 성장할 가능성이 높은 학생들'이라고 믿게 하였다. 8개월 후에 다시 지능 검사를 실시했는데, 결과는 놀라울 정도였다. 교사에게 '상위 20퍼센트'라고 말했던, 실제로는 무작위로 선정한 학생들이 다른 학생들보다 평균 점수도 높게 나왔으며, 학교 성적도 크게 향상되었던 것이다. 교사가 학생에게 주는 믿음과 기대가 실제로 학생의 성적 향상에 효과를 미친다는 것을 입증한 실험이었다.

로즈가 수강한 과목의 교수들은 모두 그를 우수한 모범생으로 인식했으며, 로즈도 그에 걸맞게 행동했다. 그리고 좋은 성과가 나왔다. 로즈에 대한 교수들의 지원은 계속 이어졌다. 교수들은 그를 연구조교로 채용했고, 하버드대학원에 추천해주었으며, 로즈는 고등학교를 중퇴한 지 7년 만에 하버드대학에 입학하게 되었다. 그리고 그의 성공 스토리는 잡지와 책을 통해 널리 알려졌다.

수업시간에 무심코 던지는 말은 '분위기를 망치는 행동'으로 볼 수도 있고, '수업내용을 풍부하게 만드는 행동'으로 볼 수도 있다. 선생님을 대하는 거리낌이 없는 '무례한 행동'은 배움에 대한 에너지가 넘치는 '창의적 행동'으로 볼 수도 있다.

ADHD 아이들은 쉽게 흥미를 잃고 어떤 하나에 오랫동안 집중하지 못하기 때문에 호기심이 강하고 새로움을 추구하는 성향이 있다. 부모님이나 선생님이 어떠한 관점에서 바라보느냐에 따라 아이들의 삶은 180도 달라질 수 있다. 로즈의 사례는 이런 사실을 분명하게 보여주고 있다.

학습부진,
이것만은 꼭 알자

학습부진의 이해:
학습지체, 학습지진, 학습장애

소극적이고 부정적인 신념과 태도는 실패를 유발하고, 희망과 자신에 찬 적극적이고 긍정적인 신념과 태도는 성공을 약속한다.

교사가 가져야 할 신념은 비록 학생의 가능성이 1퍼센트밖에 되지 않는다 하더라도, 이 1퍼센트에 의해서 99퍼센트의 불가능을 극복하려는 프로메테우스적 노력이어야 한다. 학생의 가능성에 대한 교사의 굳은 신념과 기대, 그리고 적극적이고 긍정적인 태도 없이 어찌 학생이

〈2010학년도 학업성취도 평가결과〉에 따르면 지역에 따라 초·중·고 학생의 20~40퍼센트가 국·영·수·사·과 중 1과목 이상에서 보통 수준의 학력에 이르지 못하고 있다. 이 같은 학습부진은 상급학교 진학이나 직업선택, 자아개념, 대인관계 등에 큰 영향을 주기 때문에 이 학생들을 어떻게 지도할 것인지는 매우 중요한 교육 현안 중 하나이다.

'학습부진'이란 학습결과가 학습자의 잠재능력에 미치지 못하는 경우를 말한다. 교육부의 〈교육발전 5개년 계획안〉에 따르면 학습부진아는 '지능은 정상이나, 읽고 쓰고 셈하기를 포함한 각 교과가 요구하는 최소한의 학업성취 수준을 미달한 자'로 정의된다. 일반적으로 학습부진은 창의성이 요구되는 영역보다는 지적 활동이 많이 요구되는 영역과 관련이 있다.

'보통 사람은 태어나서 죽을 때까지 자신의 잠재능력 중에서 3퍼센트 정도밖에 쓰지 못한다'는 연구 결과가 있다. 이는 '실제로 자신의 잠재능력을 전부 발휘하는 사람은 없으므로 모든 사람이 학습부진에 해당된다'라는 의미로 해석할 수 있다. 따라서 학습부진은 특별한 아이들만 해당되는 이상한 것이 아니다. 그리고 누구나 잘하는 것과 잘 못하는 것이 있게 마련이다. 어떤 분야에서는 학습성취를 보이지만, 다른 분야에서는 학습부진을 보일 수도 있다. 그러므로 학습부진을 바라볼 때 역시, 정도의 차이만 있을 뿐 누구나 가질 수 있는 현상이라고 생각하는 것이 좋다.

학습부진에 대해서는 여러 전문가들이 다양한 정의를 내리고 있다. 전 세계 전문가들의 견해를 살펴보자.

학습부진은 아동의 학업수행과 그의 실제능력을 나타내는 어떤 지수 간에 일치하지 않는 것으로 정의할 수 있다. 능력은 검사를 통해서 혹은 가정과 학교에서의 아동 관찰에 의해서 측정될 수 있다.

_ 실비아 림(Sylvia Rimm, 《영리한 아이가 학습이 부진한 이유 그리고 치료》 저자, 미국 케이스웨스턴리저브대학교 의학부 임상교수)

학습부진아란 그의 IQ에 의해서 통계적으로 예측된 수

준보다 매우 낮은 성취를 보이는 아동이다.

_ 비어트리스 M. 뉴먼(Beatrice M. Newman, 미국 텍사스리오그란데
밸리대학교 언어학과 교수)

학습부진아란 지능과 비교해 학업성취가 떨어지는 아동
이다.

_ 이상로(경북대학교 교육학과 교수), 《학습장애 치료교육 프로그램 개
발을 위한 기초연구. 경북대 교육대학원 논문집, 21》(1989)

학습부진아란 개인의 학습가능성으로 보아 기대되는 성
취 수준에 미달한 아동이다.

_ 정원식(전 서울대학교 사범대학 교육학과 교수, 전 국무총리)

학습부진에 대한 개념적 정의를 살펴보면 몇 가지 특징을 발
견할 수 있다.

1. 학습부진의 발생 원인보다 결과적인 현상에 초점을 두고 있다.

2. 학습부진의 원인을 개인 내적인 것보다 개인 외적인 것에 더 큰 비중을

두고 있다.

3. 학업성취와의 비교준거를 주로 지적능력에 두고 있다.

4. 주로 학업성취가 낮은 학생을 대상으로 하고 있다.

일련의 특징을 종합적으로 고려해본다면 학습부진이란 '학업 수행에 곤란을 느끼는 모든 학생'으로 폭넓은 정의가 가능해진다. 그러나 학습부진의 의미를 혼동하면 안 된다. 학습부진은 학습지체, 학습지진, 학습장애와 다르다.

- **학습지체** 국가나 지역에서 규정한 학업발달 과업이나 학습목표를 달성하지 못한 아동을 지칭한다. 정신지체를 가진 학생에게 많이 나타나며, 보통 특수학교에서 특수교육을 받는다.

- **학습지진** 낮은 지능과 지적능력의 저하로 인해 학업성취가 떨어지는 아동을 말한다. 지능수준은 하위 3~25퍼센트 정도이고, 지능지수(IQ)는 약 75~90 사이에 속하며, 느린 학업속도 때문에 보통 특수학교에서 특수교육을 받는다.

- **학습장애** 정상지능을 가졌지만 난독증이나 난서증 등 학습과 관련된 특정한 기능에 이상이 생긴 경우이다. 지각장애, 신경 체계의 역기능,

뇌 손상 등으로 기본적인 정보처리과정에 장애가 생긴 아동을 말하는데, 보통 클리닉센터에서 전문의의 도움을 받아 치료를 한다.

- **학습부진** 정상지능이지만 여러 가지 이유로 학습에 문제가 있는 경우로, 잠재능력에 비해 학업성취가 현저하게 떨어지는 아동을 말한다. 보통 학교나 학습관, 학습코칭센터 등에서 효과적인 관리를 통해 문제해결이 가능하다.

실제적으로 부모님이나 선생님, 강사나 코치의 도움이 많이 필요한 대상은 학습부진을 겪고 있는 아이들이라고 할 수 있다. 학습부진의 원인에는 성격과 태도, 학습동기, 공부습관 같은 '개인의 내적요인'과 학습결손, 부적절한 교수방법, 가정환경 같은 '개인의 외적요인'이 있다. 이를 다시 정리해보자.

- **1차 요인** 기초학력의 결여, 올바른 학습태도의 결여, 학습활동의 실패, 부적절한 교수방법과 내용 등.
- **2차 요인** 지능의 구조적 결함과 성격상의 문제, 학습흥미와 의욕의 상실 등.
- **3차 요인** 학교와 학급에 대한 부적응과 교사에 대한 부정적인 태도,

교우관계 실패, 부모-자녀관계의 실패 등.

《학습부진학생의 이해와 지도》의 저자 이대식 교수는 학습부진의 원인을 '인지적' '정서적' '행동적' '환경적' 4가지로 구분한다.

1. **인지적 요인** 낮은 지적수준, 학습기초능력 결손, 누적된 학습결손 등.

2. **정서적 요인** 낮은 학습동기, 낮은 통제력, 과도한 불안 등.

3. **행동적 요인** 비효율적인 학습전략, 학습활동 부족 등.

4. **환경적 요인** 불편한 물리적 환경, 부모의 지원 부족, 맞지 않는 교수환경 등.

인간은 사회적 동물이다. 인간은 우리를 둘러싼 환경에 영향을 받을 수밖에 없는 존재이다. 특히 학습부진아들은 가정과 학교, 사회에서 긍정적이거나 바람직한 영향을 미치는 교육적 환경에 큰 영향을 받는다.

가정은 사회의 가장 기본적인 단위이므로, 인간 형성의 기초에 해당되는 지능과 정서, 사회성 발달에 매우 중요하다. 학습활동과 관련해서는 합리적 사고력과 판단력, 규칙과 질서 준수력, 교사에 대한 존경심 등을 가정에서 배운다.

벤저민 블룸(Benjamin Bloom, 미국의 교육심리학자)은 가정환경의 변인을 '성취압력 정도' '언어모형 형태' '학습조력 정도' '탐구능력 배양 수준' '지적 흥미와 활동 정도' '공부습관 수준' 등으로 분류하였다. 이화여대에서 교육심리학을 가르쳤던 황응연 교수는 '영양부족과 위생상태 불량, 생활공간의 결핍, 초기경험의 부족, 감각적 자극의 결핍, 부모의 잘못된 양육태도, 문화활동 참여 부족 등이 학습부진을 초래할 수 있다'고 했다.

부모의 잘못된 양육태도의 예로는 무시와 체벌, 학대 등의 '거부적 태도', 지시와 명령, 억압, 금지 등의 '권위적 태도', 무관심과 방치, 무성의 등의 '방임적 태도', 무사안일과 현실만족을 강조하는 '비성취적 태도', 편견과 자기은폐, 자기중심적 사고 등 '폐쇄적 태도' 등이 있다.

학교환경의 변인에는 '학생 수 과다' '과도한 교육내용' '획일적인 수업방법' '교사의 그릇된 학생관' 등이 있다.

교실당 학생 수가 조금씩 줄고 있기는 하지만, 아직도 개별 맞춤으로 풍부한 학습경험을 제공하기는 어려우므로 학습부진아가 생길 확률이 높다. 보통 학생도 소화하기 어려울 정도로 교육내용이 많아서 진도가 빠르기 때문에 학습부진아들은 학업에 더욱 큰 어려움을 느끼게 된다. 동일한 방법으로 획일화된 수업을 하는 것도 학습부진아들에게 불리할 수밖에 없다. 교사가 그릇된 학생관을 가지고 있으면 학생들의 감정과 태도에 부정적인 영향을 주어 학습부진으로 이어질 수 있다.

사회환경의 변인에는 '또래집단' '대중매체' '사회병리 현상' 등이 있다.

청소년들은 부모님이나 선생님보다 또래집단에서 더 큰 영향을 받기도 한다. 친구들의 느낌이나 기호에 민감하게 반응하면서 집단으로부터 수용과 거부의 경험을 통해 긍정적이거나 부정적인 자아개념을 형성하게 된다. 또래집단 속에서 자아동질성을 갖게 되면 학교생활에 잘 적응하지만, 그렇지 못하면 '왕따'가 될 수 있다.

텔레비전과 컴퓨터, 인터넷과 스마트폰 등 대중매체는 청소년 비행의 가장 강력한 원인으로 부각되고 있다. 선정적이거나 폭력적인 내용을 전달함으로써 학습활동과 관계없는 일에 너무 많은 시간을 소모하게 만든다. 유흥가 확대, 불신풍조, 생명경시 현상, 사치와 허영, 부정부패, 교권추락 등 사회병리 현상도 청소년들이 학업에 몰입하는 데에 방해요인이 되고 있다.

무슨 일이든 문제를 해결하려면 겉으로 드러나는 '현상'이 아니라 '본질'에 초점을 맞추어야 한다. 학습부진을 극복하려면 먼저 학습부진이 무엇이며, 어떤 원인 때문에 생기는 것인지 알아야 한다. 전문적이고 생소한 용어가 자주 등장해서 조금 어려울 수도 있겠지만, 앞으로 이어지는 내용을 이해하는 데에도 도움이 되니 긍정적으로 바라보길 바란다.

02

인지유형의 이해:
시각형, 청각형, 운동감각형

앞서 학습부진의 원인을 '개인의 내적요인'과 '개인의 외적요인'으로 나누고, 이를 다시 '1차 요인' '2차 요인' '3차 요인'으로 구분해서 살펴봤다. 이러한 요인이 어떻게 복합적으로 작용해서 아이를 학습부진에 빠지게 만드는지를 이해하려면 '학습자유형'을 알아야 한다. 학습자유형은 아이의 특성과 성향에 따른 적절한 학습코칭을 위해서도 중요하다.

우선 인지유형이 아이의 학습에 어떤 영향을 미치는지 알아보자. 아이들이 어떤 학습내용을 인지할 때는 각자가 선호하는 방식이 있다. '인지(認知)'란 '어떠한 사실을 분명하게 인식하여 안다'는 뜻이다. 심리학에서는 자극을 받아들이고 저장하며 인출하는 일련의 정신과정으로 지각, 기억, 상상, 구상, 판단, 추리를 포함한 넓은 의미의 지적 작용을 의미한다.

인지유형에는 '시각형' '청각형' '운동감감형'의 3가지가 있다. 1그룹을 30명이라고 가정한다면, 그중 3분의 2는 이 3가지 인지방법을 고르게 사용하지만, 20퍼센트 정도의 사람들은 어느 한쪽으로 편향 집중 성향을 보인다. 그리고 학습장애를 가진 사람은 7퍼센트 정도라고 한다.

《학습코칭》의 저자 캐럴린 코일은 '사람마다 지문이 다른 것처럼 학습양식도 개인에 따라 다양하다'고 주장하면서 인지유형에 대해 다음과 같이 말하였다.

시각적(Visual)인 것에 의존해서 의사소통하는 사람들이나 학습자들은 그들의 정신으로 사물을 보고 이미지를 사용하려는 경향이 있다. 그들은 읽고, 들은 것을 받아 적으며, 사진이나 도표를 보면서 배우는 학습방법을 좋아한다. 이들은 책 읽기를 좋아하고, 드라마나 미술을 눈으로 감상하며, 얼굴 표정을 눈으로 읽고, 몸짓으로 언어를 표현하는 것에 능숙하다. 시각적 방식을 주로 사용하는 사람들은 눈동자는 주로 위로 향하고 있고 말투가 빠르며 얕은 호흡을 한다.

청각적(Auditory)인 것에 의존해서 의사소통하는 사람이나 학습자들은 주로 소리를 듣고 이야기한다. 그들은 강연이나 담화 그리고 오디오테이프를 들으면서 학습하는 것을 좋아한다. 이들은 전화를 한다든가 음악이나 라디오를 듣거나 이야기 듣는 것을 좋아한다. 그러므로 이러한 유형의 사람들은 말로 지시하거나 큰 소리를 내어 공부를 하며 혼자 중얼거리면서 학습하게 된다. 청각적 방식을 주로 사용하는 사람들은 눈동자가 옆쪽으로 향해 있고 단조로운 음성으로 말하며 중간 흉부에서 호흡을 한다.

운동감각적(Kinaesthetic)인 것에 의존해서 의사소통하는 사람이나 학습자들은 운동이나 활동을 주로 하는 편이다. 그들은 무언가를 쓰고 직접 실행하며, 걷거나 몸짓을 하면서 배울 수 있는 학습방법을 좋아한다. 이들은 춤을 추고 스포츠를 하거나 움직이면서 트레이닝하는 것을 좋아한다. 운동신경을 주로 사용하는 사람들은 눈동자를 아래로 향하고 매우 깊은 시각형 아이는 '좋게 보이는데?' '나는 그것을 본다' '그것이 정당해 보인다'처럼 눈과 관련된 말을 많이 하는 편이다. 그리고 PPT나 판서, 프린트물 등 시각자료를 활용한 수업을 잘 이해한다.

청각형 아이는 '좋게 들리는데?' '그것은 바로 들린다' '잘 들어봐'처럼 귀와 관련된 말을 많이 하는 편이다. 그리고 설명을 많이 하는 수업을 좋아한다.

운동감각형 아이는 '해보면 좋겠는데?' '나는 저것을 상자라고 생각한다' '나는 그것을 만진다'처럼 행동과 관련된 말을 많이 하는 편이다. 그리고 실험이나 체험 중심의 수업을 선호한다.

어른들의 일상에서도 이런 성향은 나타나게 마련이다. 예를 들어 택배로 배달된 가전제품을 조립한다고 가정해보자. 시각형 학습자는 설명서부터 보지만, 청각형 학습자는 AS센터에 전화를 걸고, 운동감각형 학습자는 드라이버부터 찾아서 조립한다.

인지유형(학습양식)은 '학습선호도'라고 부를 수도 있다. 인지유형에는 좋고 나쁨이 없으며, 마치 개개인의 지문이나 사인처럼 독특하다. 모든 학습방식은 그 나름대로 가치가 있다. 따라서 무엇보다 중요한 것은 '아이에게 어떤 학습방식이 가장 적합한지 알아야 한다'는 점이다. 인지유형을 좀 더 잘 이해하기 위해 먼저 질문을 던져보자.

시각형 · 청각형 · 운동감각형 중에서 누가 가장 학습에 유리할까?

우리의 교육환경을 고려하자면 시각형이 제일 유리하고, 그다음이 청각형이며, 운동감각형이 제일 불리하다.

수업은 시각형이 좋아하는 텍스트(교과서, 판서) 중심으로 이루어진다. 그리고 청각형이 좋아하는 설명이나 질의응답 시간도 어느 정도는 있다. 하지만 운동감각형이 좋아하는 실험이나 실습, 체험은 상대적으로 부족하다. 특히나 평가방식을 살펴보면 시각형이 좋아하는 객관식, 단답형, 서술형 시험이 대부분이다. 그에 반해 청각형이 좋아하는 구술형 시험은 별로 없으며, 운동감각형이 좋아하는 실기 시험은 예체능 분야로 국한되어 있다. 이러다 보니 운동감각형 아이가 시각형이나 청각형 아이에 비해 학습부진에 빠지는 경우가 많은 것이다.

이제 인지유형이 어떻게 아이들의 학습에 영향을 미치는지 사례를 들어 좀 더 구체적으로 살펴보자.

초등학교 3학년의 운동감각형 남자아이가 있다. 평소에 넘치는 에너지를 주체하지 못하는 아이가 교실에서 수업을 받고 있는 장면을 떠올려 보자.

40분의 수업시간 동안 딱딱한 의자에 가만히 앉아 있어야 하고, 떠들거나 장난치거나 움직이거나 졸아서는 안 된다. 마치 온몸이 굵은 쇠사슬로 묶여서 독방에 갇힌 죄수와 같은 심정일 것이다.

그러다가 갑자기 광명의 종소리가 들린다. 기다리고 기다리던 쉬는 시간이 된 것이다. 아이는 이제야 제 세상을 만난 것처럼 쇠사슬을 끊고 벌떡 일어나서 자유를 만끽한다. 하지만 주어진 시간은 단 10분이다. 아이는 교실을 이리저리 휘젓고 다닌다. 하지만 40분 동안 억눌렀던 에너지를 방출하기엔 교실이 너무 좁게 느껴진다. 그래서 복도로 나가서 다른 교실도 넘나든다.

참으로 웃기면서도 슬픈 장면이다.

이 아이가 학습부진에 빠질 확률은 거의 100퍼센트이다. 학습은 '입력' '저장' '출력'의 3가지 과정이 원활하게 이루어져야 한다. '입력'은 수업 듣기, '저장'은 복습하기, '출력'은 시험 보기로 이해하면 된다. 이 3가지 중에서 제일 중요한 것이 '입력'이다. 왜냐하면 입력된 것이 없으면 저장할 것이 없고, 저장한 것이 없으면 당연히 출력할 것이 없어진다. 입력이 제대로 되려면 수업시간에 집중해서 잘 들어야 하고, 그러려면 정보를 받아들이는 감각기관인 눈과 귀, 손이 활성화되어야 한다. 수업시간에 엎드려 자면 입력되는 것이 전혀 없으므로 수업을 듣지 않는 것과 같은 결과가 된다.

이제 왜 이 남자아이가 학습부진에 빠졌는지를 이해하게 되었을 터이다. 그렇다. 몸이 너무나 건강해서 개근상을 받을 정도로 열심히 학교에 다니지만, 쉬는 시간에 뛰어다니고 수업시간에 조느라 배우는 것이 거의 없다. 이런 과정을 반복하다 보니 자연스럽게 '학습결손'이 생기고, 이것이 학습부진으로 이어지는 것이다.

이렇게 학습부진에 빠지게 되면 보통 방과 후에 부족한 과목을 중심으로 보충학습을 하게 된다. 그러나 이 아이들을 기다리고 있는 수업방법은 그대로이다. 또다시 시각형이나 청각형 아이가 선호하는 읽기, 쓰기, 말하기, 듣기 중심의 수업을 받아야 하는 것이다. 이것은 운동감각형 아이를 2번 죽이는 일이다. 이 아이에게 최우선적으로 필요한 것은 방과 후의 보충학습이 아니라 자유롭게 마음껏 뛰어노는 시간이다. 그리고 실험과 실습, 체험 중심의 맞춤식 수업이다.

인지유형을 모르는 상태로 열심히 학습지도만 한다면 학습에 대한 아이의 거부감이 더욱 커지는 역효과가 생긴다. 인지유형이 아이들의 학습에 미치는 크나큰 영향을 고려한다면, 교육현장에서도 다양한 방식의 수업이 이루어져야 할 것이다. 시각형 아이를 위해 텍스트도 읽고, 청각형 아이를 위해 공감적 경청도 하며, 운동감각형 아이를 위해 참여식 토론이나 발표도 하는 것이 바람직하리라 생각된다. 만약 수업이 1가지 방식 중심으로 이루어지기 때문에 이해를 잘 못하는 아이가 있다면, 그 아이의 인지유형에 맞는 방식으로 보충학습을 해주어야 한다.

학습부진이라고 생각되는 아이 가운데에는 인지유형과 수업방식의 차이로 인해 교육성과가 낮게 나타나는 경우도 상당수 있을 거라 예상된다. 인지방법을 알면 학습효과뿐만 아니라 상대방을 이해하는 능력도 좋아진다. 따라서 인간관계를 풍요롭게 하는 데에도 도움이 될 것이다.

성격유형의 이해:
머리형, 가슴형, 장형

성격유형도 아이들의 학습에 많은 영향을 준다. 성격유형을 알아보는 검사에는 MBTI나 DISC, 에니어그램(Enneagram) 등이 있다. 그중 에니어그램의 9가지 유형을 쉽고 간단하게 '머리형' '가슴형' '장형의 3가지 유형으로 분류한 것이 있기에, 지면을 빌어 소개하려 한다(9가지 유형에 대한 구체적인 내용은 《진로 독서 인성 독서》 48~64쪽을 참고한다).

1. 머리형(이성형)

머리의 지식 에너지를 주로 쓰고, 지식과 정보가 최고라는 가치관을 가지고 있다.

사실에 입각해 효율성을 중시하고, 의사결정을 할 때는 객관적·합리적·논리적 근거를 바탕으로 이성적으로 판단하며, 일의 순서는 '되면 한다'는 주의이다. 보통 허약하고 빈약한 인상을 주는 체격이 많다.

머리형(이성형)은 5번 머리형적 머리형(아는 걸 좋아하는 똑순이), 6번 가슴형적 머리형(확인하는 길 좋아하는 범생이), 7번 장형적 머리형(즐거운 걸 좋아하는 덜렁이)으로 나뉜다.

2. 가슴형(감성형)

가슴의 감정 에너지를 주로 쓰고, 사람과 인맥이 최고라는 가치관을 가지고 있다.

느낌에 입각해 다 함께 참여하는 것을 중시하고, 의사결정을 할 때는 학연, 지연, 혈연, 친분을 바탕으로 감성적으로 판단하며, 일의 순서는 '분위기 되면 한다'는 주의이다. 보통 동글동글한 체격이며, 부드럽고 매력적인 미소가 특징이다.

가슴형(감성형)은 2번 가슴형적 가슴형(도움 주는 걸 좋아하는 싹싹이), 3번 머리형적 가슴형(성공하는 걸 좋아하는 이미지메이커), 4번 장형적 가슴형(독특한 걸 좋아하는 4차원)으로 나뉜다.

3. 장형(행동형)

아랫배 부근의 에너지를 주로 쓰고, 몸과 힘이 최고라는 가치관을 가지고 있다.

행동에 입각해 제대로 하는 것을 중시하고, 의사결정을 할 때는 기본과 예절, 경험을 바탕으로 행동해보고 판단하며, 일의 순서는 '하면 된다'는 주의이다. 대개 체격이 건장하고, 투쟁적이거나 도전적인 인상을 준다.

장형(행동형)은 8번 장형적 장형(강한 걸 좋아하는 시한폭탄), 9번 가슴형적 장형(통하는 걸 좋아하는 곰탱이), 1번 머리형적 장형(완벽한 걸 좋아하는 깐깐이)로 나뉜다.

성격유형에는 좋고 나쁜 것은 없으며, 누구나 3가지 유형을 모두 가지고 있다. 단지 두드러지게 나타나는 유형이 있을 뿐이다. 그러나 각 유형별로 방전과 충전, 사랑과 배려, 공부와 생활방식 등에서 차이가 나기 때문에 각종 오해와 다툼이 생긴다.

머리형은 사람을 만나고 몸을 쓰거나 스킨십을 하면 에너지가 소모되지만, 잠을 자거나 혼자 있으면 에너지가 생긴다. 가슴형은 혼자 있거나 다른 사람의 관심과 인정을 받지 못하면 에너지가 소모되지만, 다른 사람과 대화하거나 수다를 떨거나 스킨십을 하면 에너지가 생긴다. 장형은 머리를 쓰거나 복잡한 일을 하면 에너지가 소모되지만, 음식으로 배를 채우고 몸을 움직이거나 운동으로 땀을 흘리면 에너지가 생긴다.

머리형은 열심히 일을 한 후에 잠을 자거나 쉬라고 하는 것이 사랑의 표현이다. 그에 반해 가슴형은 함께 어울릴 수 있는 노래방이나 무도회장을 가는 것이 사랑의 표현이다. 그리고 장형은 맛있는 음식으로 회식을 해야 서로의 사랑을 확인할 수 있다.

속마음을 살펴보면 머리형은 '알려줘', 가슴형은 '알아줘', 장형은 '알아서 해'라고 구분할 수 있다.

일을 시킬 때도 유형에 따라 달리하면 좋다. 머리형은 무엇을 왜, 언제, 어떻게 해야 하는지 구체적으로 알려주는 편이 좋다. 가슴형은 혼자 책임진다는 부담감을 줄이기 위해 다른 사람과 함께 일할 수 있도록 팀을 만들어주고, 힘들어하면 도와주는 편이 좋다. 장

형은 책임과 권한을 위임하고 처음부터 끝까지 믿고 맡기는 편이
좋다.

교육의 방향도 유형에 따라 달라져야 한다.

머리형은 '지혜로운 사람'으로 키우는 것이 바람직하다. 아인
슈타인이나 퇴계 이황 같은 위인을 롤모델로 삼고, 항상 '왜(Why)'라
는 질문을 가까이하면 좋다. 가슴형은 '사랑스러운 사람'으로 키우
는 것이 바람직하다. 슈바이처나 반기문 같은 위인을 롤모델로 삼
고, '누구(Who)'라는 질문을 가까이하면 좋다. 장형은 '정의로운 사
람'으로 키우는 것이 바람직하다. 나폴레옹이나 광개토대왕 같은
위인을 롤모델로 삼고, '무엇(What)'이라는 질문을 가까이하면 좋다.

동기부여를 할 때도 유형에 따라 접근하는 편이 좋다. 머리형
의 경우 원리를 이해할 수 있도록 그 이유를 논리적으로 충분히 설
명해야 한다. 가슴형은 상호 유대관계를 바탕으로 감정적인 교류가
우선해야 하며, 칭찬과 격려를 많이 하면 좋다. 장형은 솔선수범으
로 모범을 보여야 하며 분명한 목표를 정하게 한 다음, 이를 달성하
면 적절한 보상을 해주는 것이 효과적이다.

성격유형의 이해를 바탕으로 아이들을 지도한다면 학습부진

을 많이 줄일 수 있다. 머리형의 경우 논리적으로 따지는 것을 좋아하므로 개념과 원리를 이해시키는 쪽으로 접근해야 한다. 그리고 노트 필기나 플래너 작성 등의 학습도구를 추천하는 것이 좋다. 가슴형의 경우 기분을 좋게 하기 위해 칭찬과 격려를 많이 해주고, 함께할 수 있는 암기카드를 학습도구로 선택하는 것이 좋다. 장형의 경우 솔선수범을 하고 목표를 분명하게 정한 후에 적절한 보상을 해주는 것이 효과적이므로 스톱워치를 학습도구로 활용하면 효과적이다.

인지유형과 성격유형을 교차시키면 다시 3가지 학습유형으로 나눌 수 있다. 배우는 방식이 다를 뿐 어떤 유형이든 배우고 있는 것이다.

1. 시각형 – 머리형 아이는 텍스트(책)를 통해 배운다.

2. 청각형 – 가슴형 아이는 사람을 통해 배운다.

3. 운동감각형 – 장형 아이는 체험(놀이)을 통해 배운다.

학습부진 아이를 도와주려면 책과 친해지게 하는 것이 중요하다. 시각형 – 머리형 아이는 필사를 통해 효과를 높이고, 청각형 – 가슴형 아이는 낭독을 활용해서 독서의 즐거움을 느끼며, 운동감각형 – 장형 아이는 토론하는 과정에서 독서의 스트레스를 기쁨으로 승화시킬 수 있다.

《어떻게 공부할 것인가》의 저자 헨리 뢰디거(Henry J. Roediger)는 다음과 같이 주장한 바 있다.

누구나 선호하는 학습유형이 있다는 사실은 인정하지만, 교육방식이 선호하는 학습유형에 맞으면 더 잘 배울 수 있다는 의견에는 동의하지 않는다. 사람들의 학습방식에는 학습유형과는 다른 형태의 중요한 차이가 존재한다. 이는 자수성가로 백만장자가 된 브루스 헨드리(Bruce Hendry)의 예에서도 알 수 있다. 끊임없이 새로운 계획에 뛰어들어 자신의 안목과 판단을 개선할 수 있는 교훈을 이끌어내는 '규칙학습'과, 배운 것을 바탕으로 근본 원리를 이끌어내고 이를 자신의 심성모형에 맞게 바꾸어 통합하는 '구조형성'이 학습유형보다 더 중요하다.

뢰디거의 주장은 최신 인지심리학을 바탕으로 하고 있다. 그는 2004년에 영국의 학습 및 기술연구센터(Learning and Skills Research Centre, LSRC)가 실시한 〈시중에서 활용되는 70가지 이상의 학습유형이론에 대한 비교조사 보고서〉를 소개하며, '이 보고서에 따르면 학습유형은 과학적인 근거가 없고, 잠재력이 줄어든 것 같은 잘못된 느낌을 불어넣으며, 이론적 패턴을 발견할 수 없다'고 하였다. 또 2008년에는 인지심리학자인 해럴드 패슐러(Harold Pashler)와 마크 맥대니얼(Mark A. McDaniel)의 〈학습유형이론의 전제가 과학적 근거가 있는지에 관한 연구〉를 소개했는데, '이 연구에서는 학습유형 평가에 따라 교육유형을 정하는 것을 정당화하려면 아이들을 학습유형에 따라 여러 집단으로 나누고, 똑같은 내용을 다른 방식으로 제시하는 다양한 학급에 무작위로 배정하며, 나중에 모든 학생이 똑같은 시험을 봐야 한다는 조건을 갖추어야 한다'고 말하였다.

학습유형에 관해서는 앞으로 좀 더 다양한 연구가 많이 진행되어야 한다. 하지만 학습동기와 공부방법 2가지 면에서 모두 취약점을 가지고 있는 학습부진 아이들에게는 선호하는 학습유형에 따라 학습지도를 하는 것이 바람직하다 할 것이다.

학습부진의 유형:
노력형, 동기형, 행동형, 조절형

아이의 자유 본성에 기초한 놀이를 중단시키고서는 제대로 학습이 일어날 수 없다.

_ 닐(Alexander S. Neill, 서머힐스쿨을 창립한 영국의 교육가)

현대사회에서 필요로 하는 인재는 놀이와 일을 구분하지 않고 즐기는 사람이다.

_ 롤프 옌센(Rolf Jensen, 덴마크의 미래학자)

《공부 상처》의 저자 김현수 센터장은 공부 때문에 아이들이 받는 상처를 '공부 상처'라고 말한다. 공부 상처는 놀면서 배우는 아이들의 본성을 억압하고, 부모나 교사가 강압적으로 공부를 시키면서 시작된다. '나는 공부를 못해' '공부가 싫어'라는 말을 하다가 '공부가 날 할퀴었다' '공부가 날 힘들게 한다'는 말을 하게 된다. 남보다 잘해야 한다는 생각이 만들어낸 비교와 평가로 공부 상처는 더욱 커지고, 결국 학습부진으로 이어지는 것이다.

이와 함께 김 센터장은 '학습부진이란 말보다는 노력형 학습자라는 용어로 대체 사용하자'고 주장한다. 건강가정지원센터의 가족코치사들이 쓰고 있는 '배움 찬찬이'도 긍정적인 의미라서 학습부진이라는 부정적인 용어를 대체할 수 있는 좋은 말이라고 생각한다.

그는 학습부진 유형에 대해 '동기(학습에 대한 마음과 의욕)'와 '통제(생활 관리)' 2가지를 기준으로 하는 한국교육과정평가원의 4가지 모델(노력형, 동기형, 행동형, 조절형)을 소개한다.

1. **노력형** 공부하려는 동기가 있고 생활 관리도 잘하는데, 기대만큼 학습 성취가 안 되는 그룹.

2. **동기형** 공부하려는 동기는 있지만 생활 관리가 잘되지 않는 그룹.

3. **조절형** 공부하려는 동기는 없지만 생활 관리는 잘되는 그룹.

4. **행동형** 동기도 없고 생활 관리도 잘 안 되는 그룹.

학습부진의 유형에 따라 필요한 도움도 다르다.

노력형 아이들에게는 과목별 학습법이나 예습-수업-복습방법, 학습도구 활용법과 같은 '학습기술'이 필요하다. 동기형 아이들에게는 시간관리방법이나 우선순위 정하기, 계획 세우기와 같은 '생활 관리'가 필요하다. 조절형 아이들에게는 공부에 대해 긍정적으로 생각하기나 공부하는 이유 찾기, 꿈목표 정하기 등 '학습동기 부여'가 필요하다. 행동형 아이들은 공부보다는 '좋은 관계 형성'이 필요하다.

김 센터장은 미국의 마커스 앤 만델(Marcus & Mandel)이 제시한 '6가지 학습부진 유형(불안형, 무사태평형, 정체성 추구형, 반사회적 음모형, 우울형, 반항형)'도 소개한다.

1. **불안형** 긴장을 잘하고 발표를 미루며, 너무 잘하려고 집착하는 유형.

2. **무사태평형** 게을러서 과제나 심부름을 자주 잊고, 노력은 하지 않으면서 잘하겠다는 말만 하며, 시작은 거창하지만 끝은 초라한 경우가 많은 유형.

3. **정체성 추구형** 혼자만의 생각에 사로잡혀서 감정변화가 심하고, 고집이 세며, 주변 사람들에게 신경을 많이 쓰는 유형.

4. **반사회적 음모형** 거짓말을 잘하고 시험 볼 때도 커닝을 잘하는 유형.

5. **우울형** 자주 피곤해하면서 쉬려고만 하고, 무기력 증상을 보이는 유형.

6. **반항형** 성질을 잘 내고 어른의 권위에 도전하려고 하며, 남을 잘 무시하지만 반사회적 음모형과는 달리 비행을 저지르지는 않는 유형.

유형별 지도요령은 다음과 같다.

1. **불안형** 학습멘토와 함께 생각하는 시간과 학습하는 시간을 구분하도록 훈련해야 한다.

2. **무사태평형** 일상에서 구체적으로 생활 관리를 도와주면서, 기존의 사고방식을 서서히 바꿔나가야 한다.

3. **정체성 추구형** 상담을 자주 하면서, 복잡한 생각과 현실 사이에서 균형을 잡도록 도와줘야 한다.

4. **반사회적 음모형** 긍정적인 마인드로 관계 맺기를 하면서, 사건 사고가 일어나지 않게 생활지도를 하는 것이 중요하다.

5. **우울형** 부정적이고 비관적인 생각을 개선해나가면서, 현실에서 발생하는 일이 아이에게 영향을 덜 미치도록 도와줘야 한다.

6. **반항형** 까칠한 태도를 나무라기보다는 긍정적인 태도를 갖추는 데에 초점을 맞추면서, 다른 것을 비난하는 데에 시간을 허비하지 말고 자신을 위해 시간을 쓰라고 조언하는 것이 좋다.

《학습부진학생의 이해와 지도》의 저자 이대식 교수는 학습부진의 유형을 '학습자 개인 특성'에 따라 11가지, '교과 내용'에 따라 4가지로 나눈다. 먼저 학습자 개인 특성 측면에서 학습부진의 유형을 살펴보자.

1. **학습의지 부족형** 학습능력과 공부의욕, 외적인 환경 등은 갖춰져 있지만 일정시간 이상 공부를 지속하려는 의지가 부족한 경우.

2. **학습동기 결여형** 놀이나 게임, 인터넷 등 공부 외의 취미활동에 빠져 있어서 공부 자체에 흥미나 관심이 없는 경우.

3. **공부방법 부적절형** 학습동기나 의지력은 있지만 공부방법이 비효과적이라서 투입한 시간과 노력에 비해 학습성과가 낮은 경우.

4. **누적된 학습결손형** 이전 단계의 학습이 충분히 이뤄지지 않아서 이후 학습단계를 어려워하는 경우.

5. **심리정서 불안정형** 개인이나 가정, 학교 등의 문제로 인해 심리나 정서가 안정되지 않아서 공부에 집중하기 어려운 경우.

6. **건강 및 신경심리학적 문제형** 공부에 지장을 받을 정도의 신체적 질병이나 정상에서 많이 벗어나는 신경심리학적 문제가 있는 경우.

7. **교과별 필수 기본학습기능 결여형** 수의 개념이나 사칙연산, 글자 읽기 등에서 인지기능의 결함으로 학습이 부진한 경우.

8. **주변의 심리적 지원 결여형** 가족으로부터 공부에 필요한 격려와 관심, 심리적 지원을 받지 못해서 공부를 소홀히 하는 경우.

9. **물질적 환경 열악형** 경제적 어려움으로 문제집이나 참고서를 사지 못하거나 시간 부족 때문에 방과 후 수업 수강을 못 하는 경우.

10. **수업의 질 미흡형** 교사의 설명이 충분하지 않거나 교사의 수업 진행 속도와 학생의 학습속도가 맞지 않는 경우.

11. **복합형** 2가지 이상의 원인이 서로 복합적으로 작용해서 학습부진에 이르게 하는 경우. 실제로 대부분의 학습부진아들은 '복합형'에 속한다고 볼 수 있다.

교과 내용 측면의 학습부진 유형은 다음과 같다.

1. **읽기 기본학습기능 미흡형** 글자 읽기, 어휘 알기, 문장 읽기, 문단 읽고 이해하기 중에서 어느 하나에 어려움을 겪는 경우.

2. **쓰기 기본학습기능 미흡형** 모양이나 기호 베껴 쓰기, 글자 쓰기, 작문하기 중에서 어느 하나가 부족한 경우.

3. **언어구사 관련 신경기능 결함형** 상황에 적절한 단어를 구사하지 못하거나 상대방의 말을 잘 이해하지 못하는 경우.

4. **수학 기본학습기능 미흡형** 연산능력, 문제해결 절차수행능력, 도형의 지각과 조작능력 등에 결함이 있는 경우.

사람마다 성격과 개성이 다르듯이 아이마다 학습부진 유형도 다르다. 상담과 코칭의 편의를 위해 크게 4~6가지 유형으로 구분하고 있지만, 이 또한 참고사항일 뿐이다. 중요한 것은 아이와 대화를 나누면서 그 아이에게 딱 맞는 방법은 무엇인지를 함께 찾는 것이다. 햇살처럼 따뜻한 마음으로 아이를 바라본다면 언젠가는 반드시 숨어 있는 열쇠를 발견할 때가 온다.

학습부진 체크리스트의 이해

이 검사는 학생용 20개, 부모용 20개, 모두 40개의 질문으로 이루어져 있다. 질문을 하나씩 차례대로 읽어가면서 평소 자기 자신의 모습과 비슷하다면 O, 비슷하지 않다면 X에 표시한다.

이 검사는 시간이 제한되어 있지 않다. 그러나 될 수 있는 한 빨리 답하고, 1문제라도 답하지 않고 넘어가는 일이 없도록 주의해야 한다. 보통 2~3분 정도면 모든 문제를 충분히 소화할 수 있을 것이다. 그럼 지금부터 시작해보자.

1. 공부하고 싶은 마음이 없거나 동기가 부족하다.　○　✕

2. 숙제를 자주 잊어버리거나 뒤늦게 할 때가 많다.　○　✕

3. 나이에 비해 지적능력이 떨어지는 편이다.　○　✕

4. 정서와 신체의 부적응 때문에 게으른 편이다.　○　✕

5. 방과 후에 하루 2시간 이상 텔레비전을 보거나 게임을 한다.　○　✕

6. 실패에 대한 두려움이나 불안을 느낄 때가 많다.　○　✕

7. 미래에 대한 생각이나 꿈, 목표가 없다.　○　✕

8. 이긴다는 확신이 들지 않으면 경쟁하지 않는다.　○　✕

9. 매사에 무관심하거나 흥미가 없다.　○　✕

10. 자제력이 부족해서 쉽게 흥분하거나 문제행동을 보인다.　○　✕

11. 상상력이나 창의력, 사고력이 제한되어 있다.　○　✕

12. 자극에 대한 반응시간이 더디다.　○　✕

13. 이해력이나 기억력이 떨어진다.　○　✕

14. 어휘력이나 분석력의 수준이 낮다.　○　✕

15. 주의력 지속성이 부족하거나 산만한 편이다.　○　✕

16. 마음이 불안정하고 수줍음을 잘 타는 편이다. 　　　　○ ✕

17. 자존감과 자신감 수준이 낮은 편이다. 　　　　　　○ ✕

18. 사회적으로 미성숙해서 대인관계가 어렵다. 　　　　○ ✕

19. 부정적인 또래의 영향을 받고 있다. 　　　　　　　○ ✕

20. 공부기술이 부족하거나 학업적 결함이 있다. 　　　　○ ✕

테스트 결과

- **16~20개**　테스트 결과가 16개 이상으로 나왔다면 매우 심각한 학습부진의 특징을 보인다고 할 수 있다. 이 책을 꼼꼼히 읽어보면서 개선점을 하나씩 찾아보자.

- **11~15개**　테스트 결과가 11개 이상으로 나왔다면 조금 심각한 학습부진의 특징을 보인다고 할 수 있다. 자신의 장점을 유지하면서 보완해야 할 점을 하나씩 추가해나간다면 좋은 결과가 있을 것이다.

- **6~10개**　테스트 결과가 6개 이상으로 나왔다면 학습부진의 특징이 조금 있다고 할 수 있다. 몇 가지 문제만 극복하면 학습부진에서 벗어날 수 있으므로 희망을 가지고 노력하자.

- ● **0~5개** 테스트 결과가 5개 이하로 나왔다면 학습부진의 특징이 거의 없다고

  할 수 있다. 학습동기부여와 효과적인 공부방법을 바탕으로 노력한다면 좋은

  성과를 기대할 수 있다.

1. 가정이 불안하고 문제가 있는 편이다. O X

2. 가정교육이나 학교교육에 우선순위를 두지 않는다. O X

3. 자신이나 배우자가 완벽주의 성향이 있어서 아이를 압박하는 편이다. O X

4. 자신이나 배우자가 아이의 학업성취에 대해 별로 관심이 없다. O X

5. 자녀의 자율성과 책임감을 육성하는 일은 그리 중요하지 않다. O X

6. 공부는 스스로 하는 것이니 학습에 어려움을 보이더라도

　도움을 주지 않는 편이다. O X

7. 자녀 앞에서 교사를 비판하는 일이 많고, 아이 편을 들기도 한다. O X

8. 자신이나 배우자가 학교생활을 별로 좋아하지 않았다. O X

9. 자신과 배우자가 자녀의 수준에 대한 기대치가 서로 다르다. O X

10. 학교공부를 잘하도록 돕는 강화나 보상을 거의 하지 않는다. O X

11. 자신이나 배우자가 직업에 불만이 있다. O X

12. 공부를 위한 특정한 시간과 장소를 마련해주지 않는다. O X

13. 자신과 배우자의 양육태도가 다르다. O X

14. 부모가 가정의 규칙을 정하고 아이들은 이를 순순히 따르는

것이 좋다. 〇 ✕

15. 규율이 자주 바뀌거나 일관성이 없는 편이다. 〇 ✕

16. 자신이나 배우자가 과보호 성향이 있어서 위험한 일은

못 하게 한다. 〇 ✕

17. 특정 과목에서 결과가 안 좋을 경우, 왜 그 과목만 못 하냐고

나무란다. 〇 ✕

18. 자녀에 대해 부정적이거나, 비현실적이고 성취 불가능한 기대감이

있다. 〇 ✕

19. 아이들의 생각을 잘 모르거나 의사소통에 어려움이 있다. 〇 ✕

20. 일확천금을 바라거나 화려함, 향락적인 것을 추구하는 성향이 있다. 〇 ✕

✔ 테스트 결과

- **16~20개** 테스트 결과가 16개 이상으로 나왔다면 아이를 학습부진에 빠뜨

  릴 만한 특징이 매우 많다고 할 수 있다. 이 책을 꼼꼼히 읽어보면서 개선점을

  하나씩 찾아보자.

- **11~15개** 테스트 결과가 11개 이상으로 나왔다면 아이를 학습부진에 빠뜨

릴 만한 특징이 많다고 할 수 있다. 자신의 장점을 유지하면서 보완해야 할 점을 하나씩 추가해나간다면 좋은 결과가 있을 것이다.

- **6~10개** 테스트 결과가 6개 이상으로 나왔다면 아이를 학습부진에 빠뜨릴 만한 특징이 조금 있다고 할 수 있다. 몇 가지의 문제만 극복하면 훌륭한 학습보조자가 될 수 있으므로 희망을 가지고 노력하자.

- **0~5개** 테스트 결과가 5개 이하로 나왔다면 아이를 학습부진에 빠뜨릴 만한 특징이 거의 없다고 할 수 있다. 학습동기부여를 바탕으로 효과적인 공부방법을 알려준다면 좋은 성과를 기대할 수 있다.

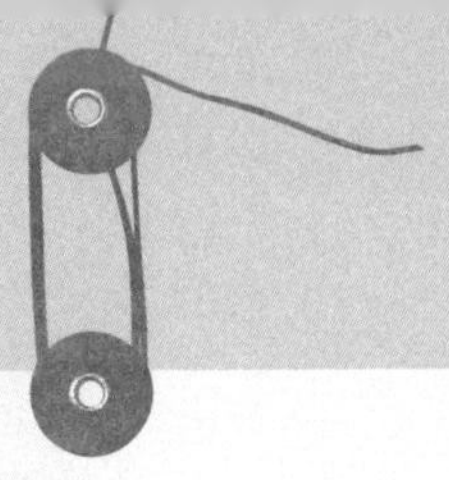

김현수의 공부 상처(학습부진) 상담 10단계

1. 공부 상처 들어주기.

2. 공부 상처의 사연 함께 이해하기.

3. 재미있는 것 가운데 더 열심히 잘할 만한 것 고르기.

4. 제한된 시간에 공부방법 배우기.

5. 자기 칭찬하는 법 배우기.

6. 목표 설정 및 시간관리 배우기.

7. 공부와 화해하기.

8. 재미없는 것에 조금씩 도전해보기.

9. 자신의 꿈 찾기.

10. 한 걸음씩 나아가기.

삼중초점모델을 통한 학습부진 극복법

《영리한 아이가 학습이 부진한 이유 그리고 치료》의 저자 실비아 림은 학습부진을 극복하기 위해 '삼중초점모델'을 제시한다. 삼중초점모델이란 학습부진을 극복하기 위해 '아이' '부모' '학교'라는 3가지에 초점을 맞추는 것을 의미한다.

1. '측정'을 통해 아이의 학습부진 정도와 방향성을 정한다. 측정방식으로는 학습부진 검사, 지능 검사, 성취도 검사 같은 공식적인 접근법과, 부모나 교사의 질문이나 관찰 같은 비공식적인 평가법이 있다.
2. '의사소통'을 위해 교사와 부모는 동맹을 맺고 긴밀한 대화를 나누어

야 한다. 강점과 능력, 약점과 문제, 교실 수행성적 수준, 또래관계 상황, 교육과정 제안 등이 주요 논의거리이다.

3. '기대 바꾸기'를 위해 부모나 교사, 형제자매, 친구 들이 가지고 있는 부정적인 기대를 긍정적으로 바꾸어야 한다. 예를 들어 이상한 아이디어는 창의적인 통찰력으로, 아이들을 휘두르는 것은 훌륭한 리더십으로, 느리게 작업하는 것은 멋진 작품을 완성하는 과정으로 바라보는 것이다.

4. '역할모델 동일시'를 위해 주변의 어른을 모방할 모델로 정하고 따라한다. 연예인이나 유명인, 스포츠스타 같은 비현실적인 모델보다는 아버지나 어머니, 친척 같은 현실적인 모델이 좋다.

5. '결손의 보정'을 위해 읽기와 쓰기, 수학, 언어 등에서 부족한 부분을 보완해야 한다. 이때 의존성을 줄이면서 개념을 자세히 설명하고, 아이들에게 자신이 이해한 것을 설명하도록 하며, 스스로 문제해결을 하도록 시키는 편이 좋다.

6. '가정과 학교에서의 교정'을 위해 아이의 학습부진 패턴의 원인과 특징을 이해하고, 아이의 안식처가 되어주어야 하며, 감정을 이해하고 소통해야 한다.

가정과 학교에서 학습부진을 어떻게 교정할 수 있는지 '체계화 기술'을 예로 들어보자. 체계화 기술을 익히려면 양말 짝 맞추기, 책 정리하기, 물건 배열하기 등 '비슷한 물건 함께 모으기'가 기본이다. 아침에 일어나서 등교할 때 아침밥을 먹고, 씻고, 옷을 입고, 버스정류장까지 가는 데에 걸리는 시간을 예민하게 만들기 위해 '시간 예상하기'도 효과적이다. 하루 동안 일상적으로 하는 공부와 레슨, 놀이, 휴식에 걸리는 시간을 계산한 후에 '일정 짜기'도 좋다. 알림장이나 수첩을 사용하도록 해서 '과제나 숙제 기억하기'도 도움이 된다. 할 일이 많아지면 '우선순위 정하기'를 통해 중요한 일 중심으로 해야 할 일을 선택하는 것이 좋다. 우선순위를 정할 때는 '제거하기'를 통해 부모님과 대화를 나누면서 빼야 할 일을 정해야 한다. 한번 정한 것이 영원히 지속되는 게 아니므로 '검토하기'를 통해 끊임없이 수정하고 보완해야 한다. 이런 과정을 통해 좋은 습관 세우기가 가능해지는 것이다.

'실비아 림의 12가지 성취법칙'을 적용하면 삼중초점모델의 효과를 더욱 극대화시킬 수 있다.

1. 부모가 학업에 대해 긍정적인 메시지를 준다면 아이는 성취자가 될 가

능성이 높아진다.

2. 아이들은 모방할 수 있는 모델이 있을 때, 적절한 행동을 더 쉽게 배울 수 있다.

3. 아이들이 들을 수 있는 반경 내에서 어른들이 그들에 대해서 얘기 나누는 말은 아이들의 행동에 극적인 영향을 준다.

4. 성공과 실패에 대해 부모와 교사들이 과민반응을 보이지 않는 편이 좋다.

5. 긴장감을 많이 느낄 때는 학업이나 과제를 줄여주는 편이 좋다.

6. 자신감 향상을 위해 고통을 이겨내는 과정이 필요하다.

7. 결핍과 과잉은 비슷한 증상을 보이는 경우가 많으므로 균형이 중요하다.

8. 내적 통제력 개발을 위해 점진적으로 힘을 키울 수 있게 도와준다.

9. 적절한 독립심을 키우기 위해 반항적인 동맹을 하지 않는 편이 좋다.

10. 합리적인 결과 도출을 위해 아이들과 대결하지 않는 편이 좋다.

11. 승리와 패배는 일시적이므로 이에 대처하는 방법을 알아야 한다.

12. 지속적인 성취를 위해 학습과정과 결과상의 관계를 알아야 한다.

한편《학습부진학생의 이해와 지도》의 저자 이대식 교수는 '문제해결식 학습부진 평가모형'을 제시한다.

    1. 필수능력요소를 추출한다.

    2. 필수능력요소 지표와 기준을 결정한다.

    3. 학습부진 영역과 정도 확인을 위한 진단을 한다.

    4. 필수능력요소의 향상이나 부진과 관련이 깊은 변인을 확인한다.

    5. 학습지도 계획을 세운다.

    6. 학습지도 계획을 충실히 적용한다.

    7. 학습진전도를 점검한다.

    8. 학습진전도 점검 결과에 따라 학습지도 계획을 수정, 보완한다.

학습부진은 전염성이 강해서 많은 가정과 교실로 번지고 있다. '삼중초점모델'과'실비아 림의 12가지 성취법칙' '문제해결식 학습부진 평가모형' 등을 잘 활용한다면 학습부진 바이러스가 학습성취 바이러스로 바뀌어서, 가정과 교실을 행복학습의 공간으로 변화시킬 것이다.

07

학습부진을 극복하기 위한
중산층의 규범 배우기

전 세계의 모든 교육은 중산층 수준을 목표로 하고, 한 아이가 빈곤층에서 벗어나느냐 그렇지 못하느냐의 문제는 학교 교육에 달려 있다.

_ 김현수

몇 년 전에 경기 북부 모 교육청 주관으로 관내 중학생 대상 자기주도학습 저자 강연을 한 적이 있었다. 강연 중에 궁금한 것이 있으면 물어보라고 했더니, 생각도 못 해본 예상외의 질문이 날아들어 왔다.

"선생님, 배 안 고프세요?"

한 여학생의 질문이었다. 점심 식사를 하려면 2시간 정도 남은 오전 시간이었는데, 벌써 배고프다고 하니 의아했다. 강의를 마치고 담당 선생님과 얘기를 나누면서 그 답을 알게 되었다.

취약계층 가정의 자녀들이 상당수라 아침이나 저녁을 굶는 결식 청소년들이 많다는 것이었다. 그 학생들은 아침밥을 못 먹고 허기진 배를 달래면서 점심시간만 기다리고 있었던 것이다. 그러다 보니 강의가 귀에 들어올 리도 없고, 오히려 '배고프지 않냐'는 질문을 하게 된 것이었다.

《공부 상처》의 저자 김현수 센터장은 '학습부진 아이들의 대부분이 어린 시절에 학습이 익숙하지 않은 환경에서 보낸 경우가 많아서, 초등학교 때부터 학교와 공부를 불편하게 느낀다'고 말한다. 예를 들어 집에서는 정해진 규칙을 지키지 않아도 되고, 남의 말을 끊거나 짧막한 대화를 주고받는다. 그런데 학교에서는 정해진 규칙을 지켜야 하고, 고상하면서도 품위 있게 말을 해야 한다. 그래서 자기와 계층이 다른 사람들이라고 생각해서 적응하기 힘든 경우가 많다는 것이다.

빈곤층 아이들은 경제적인 어려움 때문에 부모와 협상하기도 쉽지가 않다. 힘들게 투쟁해야만 원하는 것을 겨우 얻어낼 수 있다. 그래서 선생님에게도 '이렇게 해주지 않으면 죽을 거예요'라며 극단적인 말을 하는 경우가 있다. 그에 반해 중산층 아이들은 '선생님, 제가 이걸 하면 무엇을 해주실 건가요?'라고 협상을 할 줄 안다.

돈에 대한 생각도 계층에 따라 다르다. 빈곤층에게 돈이란 쓰거나 나눠 가지는 대상이다. 그러나 중산층에게는 모으거나 저축하는 것이다. 그리고 상류층에게는 투자의 대상이다.

시간관리도 마찬가지이다. 빈곤층은 지금 당장이 중요하다. 중산층은 미래를 위해 현재에 초점을 맞춘다. 상류층은 우선순위에 따라서 시간을 관리한다.

학습부진 아이들 중에는 빈곤층이나 저소득층 자녀도 많다. 그러므로 이 아이들의 특성을 이해해야만 학습지도 역시 수월해진다. 기본적으로 빈곤층의 학습부진아들에게 공부란 '나에게는 중요하지도 않은데, 선생님이나 친구 들이 성적으로 나를 비난하기 때문에 혼란스러운 것'이다. 가정의 결핍된 학습환경은 바뀌지 않는데, 비난이나 꾸중은 계속 받게 된다. 그만큼 아이의 상실감도 커지게 된다. 따라서 초등학교 고학년 이상의 아이들에게는 계층의 법칙과 숨겨진 불문율을 알려주면서, 자신의 상황을 이해하고 이를 극복하도록 도와줘야 한다.

빈곤층의 학습부진아들은 가정교육을 받은 경험이나 집에서 공부한 경험이 거의 없다. 그뿐 아니라 기본적인 돌봄도 없어서 공부 자체가 생소하기만 하다. 이런 아이들은 교사 중에서도 여교사를 만만하게 보는 성향이 빈번한데, 이것 또한 이유가 있다. 집에서 아빠를 보기가 쉽지 않고, 늘 싸우는 상대가 엄마이기 때문이다. 그래서 선생님이 엄마처럼 잔소리를 하거나 혼내면 심하게 반항한다. 수업시간에도 기승전결에 따라 논리적으로 설명하면 잘 이해하지 못하고, 이야기를 하듯이 가르쳐야 잘 알아듣는다.

빈곤층의 학습부진아를 중산층의 교육으로 계층이동 시키기 위해 가장 중요한 것은 바로 '계획 세우기'이다. 계획을 세울 때는 우선순위에 따라 실천 가능한 일을 중심으로 정하는 것이 좋다. 김현수 센터장은 계획이 중요한 이유에 대해 다음과 같이 말한다.

계획이 있으면 예측이 가능하고,

예측이 가능하면 결과를 알 수 있으며,

　빈곤층을 포함한 모든 아이들이 학습부진에서 벗어나려면 3가지가 필수조건이다. 먼저 중산층의 규범과 말하기를 익혀야 하고, 책을 친숙하게 여겨야 하며, 계획을 세우고 시간관리를 해야 한다. 학습부진에서 탈출하기 위해 가장 먼저 해야 할 일은 텔레비전을 치우고 독서를 시작하는 것이다.

학습보조자로서의
바람직한 부모 역할

부모는 학습보조자로서 학습부진 아이들에게 많은 영향을 준다. 가정에서 학습 분위기를 어떻게 만드느냐에 따라 긍정적인 자존감 형성과 학습성취를 증진시킬 수도 있고, 부정적인 자존감 형성과 학습실패를 지속시킬 수도 있다. 가족 중에 학습부진이 심한 아이가 있다면 부모와 다른 형제들도 스트레스를 받을 수 있다. 걱정하고 불안해하기보다는 이런 사실을 공유해서 함께 문제해결방법을 찾아보는 편이 좋다.

부모가 학습부진아를 지도할 때는 다음과 같은 사항을 먼저 고려해야 한다.

- 다른 아이와 비교하거나 무리한 기대를 하지 말아야 한다.

- 낮은 학업성취를 무조건 자녀의 게으름이나 실수로 돌려서는 안 된다.

- 아이를 위해 교육심리적 평가, 언어심리적 평가, 인성검사, 신경학적 검사와 같은 치료 계획을 세운다.

- 아이의 발달과정 중에 적절하지 못한 환경이나 상황이 있었는지 체크한다.

- 학습부진의 문제를 부모의 탓이라고 돌리기보다는, 가정과 학교가 공동으로 노력해야 한다고 믿는다.

- 아이가 스트레스를 받아 학습무력감에 빠지지 않도록 주의한다.

가장 중요한 점은 아이의 문제를 있는 그대로 받아들이는 것이다. 그리고 아이뿐 아니라 부모 역시 전문가와 상담을 통해 자녀 지도에 대한 도움을 받는 편이 좋다.

학습부진아의 부모들은 아이를 양육하는 과정에서 보통 부모들보다 훨씬 큰 정신적 · 신체적 고통을 겪으며, 만성적인 스트레스 상황에 놓인다. 자녀가 학습부진아라는 사실을 알게 된 부모는 충격을 받거나, 심리적인 위축감을 느끼거나, 대인 기피증을 보이거나 죄책감을 느끼기도 한다.

이 같은 심리적인 갈등을 줄이기 위해 아동의 학습을 긍정적으로 돕는 전략부터 살펴보자.

1. 아이가 잘했을 때 지나치게 칭찬해주거나 잘못했을 때 원인을 치밀하게 분석하면서 따지는 것은 완벽주의를 추구하는 문제가 생길 수 있다. 따라서 중립을 지키는 것이 중요하다.

2. 부모가 교사에 대항하여 자녀 편이 되면 교사와 아이의 상호작용에 문제가 생길 수 있다. 따라서 선생님에 대해 긍정적인 태도를 보이는 편이 좋다.

3. 너무 낮거나 너무 높지 않은 적절한 성취 수준을 정한다. 그런 다음 부모 양쪽 모두가 동일한 기대를 가져야 한다.

4. 자신감은 장애물을 극복할 때 생긴다. 따라서 성취감을 맛보도록 스스로 할 수 있게 한다.

5. 긍정적인 변화를 위해 노력한 만큼 좋은 결과가 나온다는 것을 확인시켜준다.

6. 좋은 공부습관 형성을 위해 매일 규칙적인 시간에 정해진 장소에서 공

부하는 편이 좋다.

7. 학습동기를 강화하고 주체의식을 느끼도록 하기 위해 가족계획이나 의사결정에 참여시킨다.

8. 학습동기를 높이기 위해 약속을 할 때는 아이가 관심 있어하거나 필요한 일을 스스로 정하도록 한다.

9. 아이의 안전과 건강을 위해 분명한 의사소통을 한다.

10. 아이의 개인적·학문적 발달을 위해 심리적인 지지를 보내야 한다.

11. 아이의 자존감을 키우기 위해 성공을 경험할 수 있는 기회를 많이 제공한다.

작은 실패의 경험이 모여서 자존감을 떨어뜨리고, 작은 성공의 경험이 쌓여서 자존감을 높인다. 학습부진을 극복하는 데에는 자존감 향상이 무척이나 중요하므로, 일상의 사소한 일에서 어떻게 하면 긍정적인 성공의 경험을 많이 하도록 도와줄 수 있을지를 늘 고민해야 한다.

이번에는 부모가 피해야 할 행동에 대해 살펴보자.

1. 부모가 아이에게 가진 기대와 수준은 현실적이어야 하므로, 비합리적

인 기대는 하지 말아야 한다.

2. 아이의 행동에 대해 너무 심하게 통제하면 부모와 자녀의 갈등을 키울 수 있으므로 주의해야 한다.

3. 아이가 학업에 지속적인 관심을 가지도록 학업결과를 보고 쉽게 포기하지 않아야 한다.

4. 너무 지나친 보상이나 대가는 아이의 의존성을 키울 수 있으므로 주의해야 한다.

5. 아이가 해야 할 숙제를 대신하거나 준비물을 챙겨주는 것은 부모에 대한 아이의 의존성을 키울 수 있으므로 주의해야 한다.

6. 지속적인 학습부진 현상에 좌절하여 화를 내면 아이가 노력을 중단할 수 있으므로 주의해야 한다.

7. 아이의 학습부진에 대해 낭패감을 느끼거나 과잉반응을 보이면 아이가 방어적으로 변하거나 공격적인 행동으로 자신을 보호하려 하므로 주의해야 한다.

8. 아동을 통제하기 위해서 처벌하면 부모와 자녀 사이의 파워게임이 될 수 있으므로 주의해야 한다.

한국교육과정평가원의 《학습부진 자녀 교육지침》에 실린 내용도 알아두면 큰 도움이 될 것이다. 〈학습부진 위기를 극복하기 위한 학부모 협력 방안〉은 다음과 같다.

1. 자녀의 기본학습능력에 대해 정확한 정보를 알기 위해 교과학습 내용을 미리 살펴봐야 한다.

2. 매일 알림장을 확인하고, 받아쓰기나 숙제 등 기본학습을 챙겨줘야 한다.

3. 자녀와 함께 공부하는 분위기를 조성해야 한다.

4. 자녀의 학교생활과 방과 후 활동에 관심을 가져야 한다.

5. 담임선생님과 자녀에 대한 정보를 공유해야 한다.

6. 아이의 친구나 친구의 부모님과도 만나서 대화를 나누어야 한다.

7. 자녀의 학사 일정을 알고 학교생활에 적극적으로 참여해야 한다.

〈강점 개발을 통한 학습부진 극복방법〉은 다음과 같다.

1. 평소 세심한 관찰을 통해 자녀가 잘하는 것에 대해 정확하게 이해한다.

2. 잘못한 것을 지적하기보다는 잘하고 있을 때 관심을 가지고 칭찬한다.

3. 자녀가 좋아할 만한 다양한 칭찬방법을 활용한다.

4. 무언가를 위해 노력했을 때 칭찬과 격려를 통해 자아존중감을 높여준
   다.

5. 자녀가 한 일 중에 칭찬할 거리를 만들어서 칭찬한다.

6. 칭찬도장이나 칭찬스티커를 적극적으로 활용한다.

6. 자녀의 좋은 행동이 크게 부각되는 환경을 만들어 성취동기를 강화한
   다.

7. 자녀를 잘 이해하기 위해 자녀의 이야기에 귀를 기울인다.

아이를 춤추게 하는 칭찬의 대화 기술은 다음과 같다. 같은 내
용이라도 표현을 달리하여 말해보자.

- 지난번에 정말 잘했는데…

  → 지금은 잘못했어도 지난번에는 잘했으니 노력하면 다시 잘할 수 있
  을 거야.

- 잘했으니까 뭐 사줄까?

  → 참 잘했으니까 이렇게 칭찬해주는 거야. 몇 번만 더 잘해내면 지난
  번에 네가 가지고 싶었던 물건을 사줄게.

- 잘했어, 그런데 말이야…

→ 다음에는 더 잘하도록 함께 생각해보자.

- 넌 정말 씩씩하지?

  → 내 생각에는 네가 잘 버틸 수 있을 것 같은데, 너는 어떻게 생각하니?

- 참 착하다.

  → 네가 내 말을 듣고 양치질을 하니 참 착하구나.

- 정말 대단하구나, 참 대견해.

  → 이 책의 인물이 이런 행동을 해서 그렇게 느꼈다니 대단하구나. 이렇게 생각이 깊다니, 참 대견해.

장기간의 학습부진 상담이나 치료는 부모에게 정신적·육체적·경제적 부담을 안겨준다. 하지만 학교나 교육청, 지자체, 공공기관 등에서 운영하는 프로그램을 적절히 활용한다면 부담을 줄이는 데에 많은 도움이 될 것이다.

학습코치로서의
올바른 교사 역할

　학습부진 아이의 가족은 학습성취 아이의 가족과 다른 몇 가지 특징이 있다. 어떤 특징은 변화되기 쉽지만 어떤 특징은 변화가 어렵다. 가족들의 사기가 약하거나 사망, 이혼에 의한 가족 붕괴 등은 변하기 어려운 특징이다. 그러나 부모의 과잉보호, 권위주의, 과잉허용 또는 부모의 양육태도 불일치 등은 변하기 쉬운 특징이다. 교사들이 이런 가정의 패턴을 이해한다면 부모들과 의사소통을 하거나 친밀한 유대관계를 맺는 데에 도움이 될 것이다.

　학습부진아의 부모들로 하여금 학교 일에 관심을 가지고 참여하도록 하려면 가족 배경에 대한 이해가 필요하다. 집에서 어떤 일이 일어나고 있는지, 아동학대나 가정폭력은 없는지를 잘 살펴봐야 한다.

특히 부모가 없고 조부모만 계셔서 교육적 도움을 받지 못하는 경우, 부모가 생업으로 바빠서 자녀를 전혀 돌보지 못하는 경우, 부모의 학력 수준이 낮아서 교육의 중요성은 알지만 실제로는 도움을 못 주는 경우, 부모가 외국인이라서 적절한 학습자극을 못 주는 경우, 알코올이나 게임, 도박중독, 폭력 등으로 부모의 역할을 못하는 경우에는 더욱 각별한 주의가 필요하다.

한국교육과정평가원의 《학습부진 자녀 교육지침》에는 '이혼으로 인한 한부모 가정'과 '다문화 가정'의 자녀의 특징과 도움을 주는 방법이 자세히 소개되어 있으므로, 가족 배경을 잘 이해하기 위해 알아두는 편이 좋다.

이혼으로 인한 한부모 가정의 아이들은 다음과 같은 특징을 보인다.

1. 자신이 해야 할 일을 하지 않아서 부모가 이혼했다는 죄책감을 느낀다.

2. 부모가 이혼할 때 자녀들이 가진 느낌은 부모가 죽었을 때 가진 느낌과

비슷하다.

3. 화를 잘 내고 불복종하면서 공격적인 행동을 보인다.

4. 함께 살고 있는 부모조차 자신을 버리고 떠날지도 모른다는 공포를 느
낀다.

5. 부모가 다시 돌아와 함께 살 거라는 환상이 있다.

6. 환경 변화에 적응이 어려워서 친구를 잘 사귀지 못한다.

7. 부모의 갈등에 휘말려서 정서적으로 어려움을 겪는다.

8. 성 정체성 교육의 부족으로 인해 이성교제에 자신감이 없고, 이혼으로
인한 열등감과 수치심으로 인해 스스로 매력이 없다고 느낀다.

9. 이혼에 대한 슬픔과 상실감, 부모에 대한 분노 등에서 비롯된 무력감과
불안, 외로움을 느낀다.

10. 집중력 저하와 우울함 때문에 자신의 심리적인 에너지를 학업에 집중
시키지 못한다.

11. 이혼 후에 양쪽 부모 집을 오가면서 가정에 대한 소속의 불안정으로
한곳에 정착하지 못하는 경우가 있다.

이혼으로 인한 한부모 가정의 아이들을 돕는 방법은 다음과
같다.

1. 이혼 전후에 사려 깊은 의사소통으로 부모의 이혼이 현실임을 받아들여서 가족구조 변화에 적응할 수 있도록 해야 한다.

2. 자녀가 부모의 갈등으로부터 빨리 분리되어 정상적인 일상생활로 돌아올 수 있도록 부모의 문제에서 자신의 미래를 분리하도록 해야 한다.

3. 부모의 이혼은 현실이고 변하지 않는다는 것을 인식해서 이혼을 개념화해야 한다.

4. 자신의 정체성을 확인하고, 스스로 장점과 강점을 파악하며, 긍정적인 생각을 갖도록 해서 자존감을 높여야 한다.

5. 자신의 상황이 어른들에 의해 결정된 것에 대한 원망으로 타인과 환경에 대한 부정적인 생각이 있으므로 마음의 안정을 위한 공감과 이해, 정서적 지지를 해주어야 한다.

다문화 가정의 아이들은 다음과 같은 특징을 보인다.

1. 외국 출신 어머니를 둔 아이들은 어릴 때부터 우리말을 제대로 배우지 못해 언어발달이 지체되어 의사소통이 어려울 수 있으며, 부족한 언어능력 때문에 부정적 학교 경험을 가져올 수 있다.

2. 교과별 기본 어휘를 잘 이해하지 못하고, 읽기와 쓰기 등 언어능력이

약하며, 어휘력이 부족해서 학업성취에 취약한 경우가 많다.

3. 심리적 위축과 불안, 억압된 분노, 공격성 등으로 문제행동을 보이거나 친구나 교사와의 관계에서 어려움을 느낀다.

4. 외모와 피부색, 다른 국적의 부모 등으로 차별과 거절을 경험하면서 정체성의 혼란을 경험한다.

5. 언어발달지체와 문화적 부적응, 다문화에 대한 이해 부족, 편견 등으로 인해 학교수업에 대한 이해도가 낮아서 학교생활 부적응이 악화된다.

6. 학교생활에 적응하지 못하면 등교 기피, 학업중단 충동, 학교 중도 탈락, 친구관계 고립 등의 문제를 일으키기도 한다.

다문화 가정의 아이들을 돕는 방법은 다음과 같다.

1. 다문화 가정 자녀의 중점 지도 사항은 언어능력과 학교생활 적응력, 학력 향상, 정체성 함양 등이다.

2. 학습초기의 언어능력 부족이 학습결손으로 이어지지 않도록 정확한 진단과 정기적인 평가에 따라 적절한 교육이 이루어져야 한다.

3. 차별과 놀림, 소외 등 친구나 교사와의 관계에서 오는 어려움보다는 학교공부나 숙제, 준비물 챙기기 등 개인적이고 실질적인 문제에 더 큰

어려움을 느끼므로 이를 도와줘야 한다.

4. 다문화 가정 자녀의 가족관계, 친구관계, 교사관계, 이웃관계, 매체관계
   에서 위험요인으로 작용할 수 있는 요소를 일찍 발견해서 약화시킨다.

5. 학생의 긍정적인 행동특성과 품성을 개발하고, 자신의 장점이나 강점
   을 각자 발견해서 강화하도록 지도한다.

6. 다문화 가정 학생의 동기 고취, 또래 학생들의 개방적 태도, 교사의 관
   심 증진과 적극적인 협조, 전문가의 조언과 자문, 대학생 도우미 활용
   등의 방안도 적극적으로 활용한다.

7. 표현방법을 잘 몰라서 답답해하는 학생들에게 구체적인 표현방법을 지
   도하는 것이 무엇보다 중요하다.

학습부진을 효과적으로 극복하려면 부모의 협력을 이끌어내
야 하므로, 이를 위한 긍정적인 의사소통이 필요하다. 부모에게 규
칙적으로 긍정적인 노트나 편지를 보낸다든지, 전화를 한다든지,
필요한 경우 가정을 방문하는 것도 좋다. 또한 교사·부모(사부 동행)
모임도 필요하다. 부모가 편한 시간을 이용하고, 서로 돕고 지원할
수 있는 그룹을 만들며, 체계적인 학습지도방법을 교육하는 것도
좋다.

부모의 협조를 구할 때는 교사 스스로 역할의 한계를 분명히 정하는 편이 좋다. 교사의 상담 요청을 무시하거나 공격적으로 나오는 등 부모의 현재 상태를 바꾸기 어려운 경우에는 외부기관을 적극적으로 찾아본다. 학생이 방과 후에 안정감 있게 시간을 보내면서 공부도 하고 상담도 받을 수 있는 공부방이나 청소년 지원센터, 청소년 문화센터 등을 연결해주는 방법도 있다.

학습지도에 협조적이고 아이들과 의사소통이 잘되는 부모들은 비협조적이고 관여 정도가 낮은 부모들에 비해 학습부진 아이들을 성공적으로 이끌 확률이 높다. 따라서 학교에 관여하거나 모임에 참석하기 싫어하는 부모들을 잘 설득하고 다독여서 적극적인 협조와 참여를 이끌어내는 편이 좋다.

교사는 학급을 운영할 때 학생 개개인의 학습권을 보장해서 학습부진아가 생기지 않도록 노력해야 한다. 실비아 림은 '학교와 교사가 학생들의 성취수준에 큰 변화를 가져올 수 있다'고 말하며, 학습부진에 영향을 미치는 교실환경의 요소로 '학급규칙' '경쟁구조' '낙인찍기' '교사의 관심' '수업의 지루함' '개별화' '순응' 등을 언급했다.

1. 교사가 학급규칙에 너무 엄격해서 강압적인 교실환경을 만들거나, 너무 느슨해서 어수선한 교실환경을 만드는 것은 양쪽 모두 학습부진을 양산할 수 있으므로 좋지 않다. 따라서 학급규칙을 잘 지키되 학생들이 자유롭게 자신을 표현할 수 있어야 한다.

2. 너무 심한 경쟁구조는 성적이 우수한 몇몇 학생을 제외한 대부분의 학생들에게 실패감을 줘서 공부에 대한 흥미를 잃게 만든다. 그러나 경쟁이 전혀 없으면 학생들의 잠재능력 개발에 부정적이고, 교육성과 면에서도 비생산적이다. 따라서 적절한 경쟁구조를 만들기 위해 다른 사람에 초점을 맞추는 '상대경쟁'을 지양하고, 자신의 목표에 초점을 맞추는 '절대경쟁'을 지향해야 하며, 경쟁에서 뒤처진 아이들에게는 경쟁상황을 이겨내는 방법을 알려줘야 한다.

3. 정상적으로 학업을 수행할 수 없을 때 학습장애, 발달장애, 정서장애 등의 진단을 내리고, 특수교육을 받게 하면 학생 스스로 자존감이 떨어지고, 친구들의 놀림을 받게 되며, 교사의 기대 수준도 낮아져서 학생을 부정적으로 낙인찍는 일이 될 수 있다. 따라서 특수교육이 필요하다고 생각할 때는 그 학생에게 미칠 긍정적인 영향과 부정적인 영향을 잘 고려해서 신중하게 판단해야 한다.

4. 교사의 적절한 관심은 학생들의 학업에 긍정적인 영향을 미치지만, 관

심이 지나쳐서 동정심을 갖거나 꾸중을 많이 하면 오히려 부정적인 영향을 줄 수도 있다. 특히 문제행동을 할 때 지적이나 꾸중으로 관심을 표현하면 오히려 문제행동이 강화될 수 있으므로, 문제행동을 보일 때는 눈으로 신호를 보내거나 짧게 주의를 주고 좋은 행동을 할 때는 공개적으로 칭찬하는 편이 좋다.

5. 너무 어렵거나 너무 쉬워서 지루한 수업은 수업내용에 집중할 수 없고, 학습이 제대로 이뤄지지 않아서 학습부진을 유발할 수 있다. 따라서 교사는 학생들의 학습준비도를 정확하게 파악해서 각 수준에 맞는 서로 다른 학습목표를 정하고, 이에 따라 수업내용을 계획해야 한다.

6. 이상적으로는 모든 수업을 학생들의 특성에 맞게 개별화하는 것이 좋지만, 현실적으로는 정해진 교육의 틀에 따라 학생들이 수업에 적응하면서 순응해야 한다. 따라서 어느 한쪽으로 치우치지 않는 합리적 융통성을 발휘할 때 학습부진 발생을 예방할 수 있을 것이다.

학습부진을 예방하거나 학습부진 발생을 줄이기 위해 무엇보다 중요한 것은 교사의 마음가짐과 자세이다. 교사는 교실에서 학생을 대할 때 '학습에 잘 적응하지 못하는 특성을 가진 학생들은 학습부진에 빠지기 쉽다'는 부정적인 생각보다는 '어떤 학생이든 특

성에 맞게 잘 가르치면 학습부진에 빠지지 않을 수 있다'는 긍정적

인 생각을 하는 편이 좋다.

효과적인 교수학습전략

학습부진을 극복하기 위해서는 실질적으로 학업에 큰 영향을 미치는 교사의 교수학습전략도 중요하다. 교수학습전략을 활용할 때는 너무 보편적이지도, 너무 구체적이지도 않게끔 적절히 조절해야 한다.

일반적인 교수학습전략에는 크게 3가지가 있다.

1. 학교에서 실패할 가능성이 높은 아이들을 미리 진단하여 적절한 교육 프로그램을 통해 학습부진아가 발생하는 것을 미리 예방하는 전략.

2. 교실에서 이루어지는 수업방법을 변화시켜 학습부진아의 수를 줄이고

자 하는 전략.

3. 정규 교과과정 외에 추가로 제공되는 교육과정(보충학습)을 통해 학습

   문제를 치료하는 교정전략.

구체적인 교수학습전략은 '적응적 수업전략' '교정적 수업전략' '임상적 수업전략' '상담적 수업전략'의 4가지로 나눌 수 있다.

1. **적응적 수업전략** 아이의 결함과 장애에는 크게 관심을 두지 않고 현재의 학습환경과 교육여건을 변화시켜서 학습문제를 해결한다.

2. **교정적 수업전략** 학습부진을 잘 진단해서 학습을 방해하거나 장애가 되는 결함을 없애는 데에 초점을 맞춘다.

3. **임상적 수업전략** 특정 학습자의 독특한 특성과 욕구에 부합되도록 학습경험을 제공하는 데에 초점을 둔다.

4. **상담적 수업전략** 개인상담이나 집단상담을 통해 학습문제를 해결하는 데에 초점을 맞춘다.

기본적인 교수학습전략은 다음과 같다.

1. 학습내용을 작은 단위로 나누어 가르치면서 학생들이 잘 이해하고 있
   는지 자주 확인한다.

2. 수업전략을 자주 바꾸면서 시각적·언어적·운동적 감각을 활용할 수
   있는 시청각 자료나 게임을 활용한다.

3. 학생들의 개별적 특성을 파악하기 위해 노력한다.

4. 학생들의 흥미를 자극할 수 있는 다양한 교재를 개발한다.

5. 추상적이고 개념적인 학습보다는 학생들이 참여할 수 있는 수업방법을
   연구한다.

6. 학생들에게 적절한 보상을 제공하면서 스스로 성장을 느낄 수 있도록
   유도한다.

7. 집단수업보다는 개별 맞춤식 수업을 지향한다.

8. 단서와 힌트를 많이 제시하면서 적절한 예를 든다.

9. 사용하는 교재의 수준이 학생의 수준에 적합한지 확인한다.

10. 능동적인 동사를 많이 쓰고, 성공 경험을 많이 해볼 수 있도록 유도
    한다.

기본적인 교수학습전략을 바탕으로 다양한 전문가들의 교수
학습전략을 참고한다면 자신만의 맞춤식 교수학습전략을 완성하

는 데에 도움이 될 것이다.

학업성취 결과는 '공부 적성' '학습에 투입한 시간' '과제집착력' '수업이해능력' '수업의 질' 등의 영향을 받는다.

_ 캐럴(John B. Carroll, 미국의 심리학자)

캐럴이 언급한 여러 요소 가운데 교사가 좌우할 수 있는 것은 다름 아닌 '수업의 질'이다. 곧 수업의 질을 향상시킨다면 학습부진을 효과적으로 줄일 수 있는 의미이다. 캐럴은 수업의 질 향상방법으로 4가지를 제시했다.

1. 수업의 질은 '무엇을 어떻게 학습할 것인가'를 학습자가 이해할 수 있는 말로 전달할 때 높아진다.

2. 수업의 질은 학습할 자료를 감각적으로 접했을 때 높아진다.

3. 수업의 질은 모든 학습단계가 이전 학습단계와 연계되도록 하고, 올바른 순서에 따라 학습과제를 제시하면 높아진다.

4. 수업의 질은 학생들의 특성과 요구에 맞게 수업의 내용과 형식을 조정

하면 높아진다. 특히 어떤 순서와 어떤 구체성으로 과제를 제시할 것인지는 학습부진아 지도프로그램을 기획하고 적용할 때 핵심적으로 고려해야 할 부분이다.

아이스너(Elliot W. Eisner, 미국 스탠퍼드대학교 명예교수)의 '효과적인 수업지도의 요소'는 다음과 같다.

1. 학습에 투입한 시간이 길수록, 수업시간에 능동적으로 참여할수록 학습성취는 향상된다.
2. 성공 경험을 많이 할수록 학업성적이 높아진다.
3. 연습할 기회를 많이 가질수록 학습은 향상된다.
4. 교사가 직접 가르치고 관리할수록, 학급 규모가 작을수록 학습은 향상된다.
5. 신중하게 체계화된 수업일수록 학습자는 독립적이고 자기주도적이 된다.
6. 각 형식에 맞는 수업을 할 때 학습이 향상된다.
7. 지식을 조직하고 저장하며 인출하도록 했을 때 학습효과는 커진다.
8. 효과적인 전략을 활용하면 학습효과는 커진다.

9. 시범을 명확하게 보여주고 단계적으로 가르치면 학습효과는 커진다.

10. 핵심 개념을 중심으로 통합교과적으로 가르치면 학습에 효과적이다.

벤더(William N. Bender, 미국의 교육전문작가)의 '주의 집중 교수법'은 다음과 같다.

1. 교실을 과제수행 공간, 학습활동 공간, 자료수납 공간 등으로 세밀하게 구조화해서 우왕좌왕하지 않도록 한다.

2. 학급규칙을 잘 보이는 곳에 설치한다.

3. 일과표를 잘 보이게 제시하고 가능한 잘 지킨다.

4. 주의 집중이 필요할 때 사용하는 신호나 몸짓을 학생들에게 미리 알려준다.

5. 주의가 산만한 학생에게는 여분의 책상을 마련해준다.

6. 수업에 방해되는 행동을 할 때는 다른 물건이나 활동을 제시한다.

7. 책상 정리정돈을 잘한다.

8. 늘 가까이에서 학생을 지켜본다.

9. 다양한 색을 사용해 자료나 내용을 꾸민다.

10. 두 사람이 짝이 되거나 조별로 그룹을 만들어서 서로 수업준비나 자습

상태를 점검하게 한다.

ADHD 학생을 지도할 때는 할라한(Daniel P. Hallahan, 미국 버지니아대학교 교수)의 '단계별 수업 운영방법'을 활용하면 좋다.

1. 수업의 도입 부분에서는 지난 수업을 다시 살펴보고, 학습목표를 제시한다.
2. 수업 중간 부분에서는 수업행위를 예측할 수 있도록 일관성을 유지하고, 수업 중에 학생의 참여를 적극적으로 지원하며, 개별적이고 지속적으로 수행 정도를 확인하고, 과제를 소규모로 세분화시킨다.
3. 수업 종료 부분에서는 수업이 끝난다는 신호를 미리 제시하고, 과제를 확인한 후에 다음 수업에 배울 내용을 대략적으로 소개한다.

최신 뇌과학이론을 바탕으로 하는 '두뇌기반 교수기법'도 알아두면 좋다.

1. 학습과정에서 인지와 정서, 의지, 신체 움직임의 4부분을 최대한 고르게 활용한다.

2. 쾌적하고 안전한 학습환경을 만든다.

3. 학습할 내용에 최대한 의미를 부여하기 위해 일상생활 관련 소재나 개
   인적인 경험을 활용한다.

4. 왜 학습하는지, 무엇을 목표로 공부하는지 분명하게 인식하도록 한다.

5. 같은 정보나 지식을 제시할 때는 여러 가지 감각을 활용한다.

6. 학습과정에서 음악이나, 미술, 체육 등 예체능을 적극 활용한다.

7. 친구를 상대로 교수자 역할을 하도록 한다.

지금까지 살펴본 교수학습전략의 효과를 극대화시키려면 몇 가지 사항을 고려해야 한다. 학습부진의 원인과 유형을 파악해야 하고, 효과적인 교수설계이론을 충실히 반영해야 하며, 교수 행위를 효과적으로 전개해야 한다. 학생들이 효과적인 공부전략을 익히도록 하고, 학습환경을 최적으로 조성하며, 심리적·경제적·사회적·문화적으로 불리한 여건을 충분히 살펴봐야 한다.

학습부진아를 위한 수업은 내용의 수준을 낮추고 속도를 늦추는 것으로 충분하지 않다. 학습부진아들이 부진에 빠진 가장 큰 이유 중 하나는 수업내용을 적절한 방식으로 전달받지 못한 데에서 기인한다. 따라서 학습자의 개별 특성을 바탕으로 적합한 수업방식

을 찾아내고, 이를 제공하는 것이 중요하다. 학습부진아들이 잘할 수 있는 방식으로 수업이 이루어질 때 성공 가능성이 높아진다. 그리고 이를 통해 점점 학습에 자신감을 갖게 되면서 학습부진에서 탈출하게 될 것이다.

Part 3

영역별 학습부진 지도방법

학습부진아를 위한
읽기 지도방법

학습부진아들은 대부분의 영역에서 보통 아이들에 비해 학업 성취도가 낮다. 그중에서도 특히 읽기와 쓰기(국어), 수학, 시간관리, 주의 집중력 등에서 취약한 모습을 보인다. 그러므로 영역별로 특화된 학습부진 지도방법을 통해 학습에 대한 아이들의 고민을 덜어 줘야 한다.

'읽기 학습부진'은 글자를 잘 읽지 못하는 것이다. 여기에는 글자를 전혀 읽지 못하는 경우, 낱말의 뜻을 모르는 경우, 문단을 읽고 그 의미를 잘 파악하지 못하는 경우가 포함된다. 읽기를 잘 못하면

독해가 잘 안 되고, 내용을 제대로 파악하지 못하며, 핵심 요약에 어려움을 겪고, 시험불안의 요인이 되기도 한다.

읽기 학습부진 여부를 확인하는 방법은 다음과 같다.

1. 글자 읽기 전 단계에서 자음과 모음, 그에 해당하는 소리의 대응관계를 아는지 점검한다.

2. 글자와 문장 읽기 단계에서 글자를 정확하게 읽는지, 문장을 유창하게 읽는지 점검한다.

3. 어휘 단계에서는 낱말의 뜻을 정확하게 아는지 점검한다.

4. 독해 단계에서는 문장이 여러 개 모인 문단을 읽고 이해할 수 있는지 점검한다.

학습클리닉 전문가 최정금 소장이 제시하는 '읽기 학습부진 아이를 위한 학습지도방법'은 다음과 같다.

1. 읽기 속도 재기

보통 초등 1학년은 분당 150글자, 2학년은 분당 200글자, 3학년은 분당 250글자, 4학년 이상은 분당 250글자 이상을 읽는다.

- 읽기 속도를 재는 방법: 교과서나 일반도서, 초시계, 기록 노트, 필기구를 준비하고, '시작'과 동시에 초시계를 누르면서 학생들이 책을 읽도록 하며, 초시계가 1분이 되면 '그만'을 외치고 멈추게 한다. 총 읽은 글자 수에서 틀리게 읽은 글자 수를 빼고, 1분간 읽은 글자 수를 날짜와 함께 기록한다.

- 학년별 분당 글자 수에 미치지 못한다면 읽기 속도가 평균 수준이 될 때까지 '기록측정'에 중점을 두고 읽기 연습을 한다.

2. 녹음하며 읽기

책을 너무 빨리 읽거나 읽기에서 오류가 많이 생기는 아이들은 읽을 때 녹음을 해서 들어보는 것이 좋다.

- 녹음하며 읽는 방법: 교과서나 일반도서 녹음기, 필기구를 준비하고, 읽어야 할 부분을 정해서 '시작'과 함께 읽으면서 녹음 버튼을 누른다. 읽을 부분을 모두 읽으면 녹음을 멈추고, 책에 나와 있는 것과 녹음을 비교하며 들으면서 다르다고 생각되는 부분에 표시를 한다. 교사와 함께 다시 한 번 녹음한 것을 들으면서 책에 나와 있는 것과 다른 부분에 표시가 잘되어 있는지 확인한다. 확인이 끝나면 다르게 읽은 부분을 바

르게 읽도록 몇 번에 걸쳐서 연습한다.

- 녹음을 들어보면서 다르게 읽는 부분을 확인하면 재미있게 수정할 수 있고, 스스로 체크하면서 집중력도 기를 수 있다.

3. 다르게 읽는 부분 찾아내기

상대방이 읽을 때 주어진 글을 잘 보면서 다르게 읽는 부분을 표시하는 활동도 효과적이다.

- 다르게 읽는 부분 찾기를 하는 방법: 교과서나 일반도서, 복사본, 필기구를 준비하고, 아이는 원본을, 교사는 복사본을 본다. 2~3페이지 분량의 글을 읽으면서 교사가 읽는 내용과 다른 부분에 표시를 한다. 정해진 분량을 다 읽으면 아이가 다른 부분을 바르게 표시했는지 확인한다. 혹시 빠뜨린 부분이 있으면 교사가 어떻게 읽었는지 확인시켜준다. 다른 내용으로 이를 2~3회 반복한다.
- 다르게 읽는 부분 찾기는 주어진 글에 집중해야 하므로 필요한 자극에 적절히 반응하는 능력을 키울 수 있다.

읽기에 거부감을 가진 아이를 지도할 때는 먼저 내용에 대해

대략적으로 소개하면서 읽기에 대한 두려움을 없애는 것이 좋다. 글자를 전혀 모르는 아이를 지도할 때는 자음카드와 모음카드를 활용하고, 과일과 동물, 물건 등 친숙한 사물의 명칭을 활용하는 것이 좋다. 낱말의 뜻을 모르는 경우나 문단을 읽고 그 의미를 잘 파악하지 못하는 경우는 글을 읽는 원칙을 자세히 알려주고, 띄어쓰기와 문장의 마침 부호를 살려서 읽는 방법을 알려주는 것이 좋다.

02

학습부진아를 위한
쓰기 지도방법

'쓰기 학습부진'은 글을 잘 쓰지 못하는 것이다. 쓰기를 잘 못하면 알림장을 제대로 적어오지 못한다거나 수업시간에 중요한 내용의 필기를 놓치는 문제가 발생한다. 그러므로 학습부진 아이들에게 쓰기 능력을 향상시키는 일은 중요하다. 쓰기의 단위는 직선과 곡선, 기타 모양 등 글자 이전의 단계 쓰기와 자음과 모음 단계 쓰기, 단어와 문장 쓰기 순서로 확대된다. 쓰기 활동의 요소에는 연필 잡기, 모양의 틀 따라 쓰기, 인쇄된 것 위에 따라 쓰기, 보고 쓰기, 받아 쓰기, 창작해서 쓰기 등이 있다.

일반적인 요소별 쓰기 활동 지도 순서는 다음과 같다.

1. 연필을 바르게 잡는 방법과 올바른 쓰기 자세를 알려준다.

2. 수평선과 수직선, 곡선, 복잡한 모양, 인쇄된 모양 등을 따라 그린다.

3. 근거리에서 원거리 순서로 모양을 보고 그린다.

4. 모형 틀이나 인쇄된 부분을 따라서 단자음과 단모음, 복자음과 복모음

  을 따라 쓴다.

5. 근거리에서 원거리 순서로 자음과 모음을 보고 쓴다.

6. 근거리에서 원거리 순서로 받침 없는 글자, 받침 있는 글자, 쌍받침 등

  을 따라 쓴다.

7. 근거리에서 원거리 순서로 받침 없는 글자, 받침 있는 글자, 쌍받침 등

  을 보고 쓴다.

8. 규칙적인 단어와 불규칙적인 단어를 받아쓴다.

9. 단문과 복문을 받아쓴다.

효과적인 쓰기 지도방법은 다음과 같다.

1. 쓰기 관련 핵심 원리를 반영하고, 음운인식 훈련과 어법훈련을 병행해

서 지도한다.

2. 올바른 글쓰기 시범을 명시적으로 보인다.

3. 다양한 맥락에서 다양한 소재로 자연스럽게 글쓰기 연습을 하도록 한다.

4. 글쓰기에 필요한 하위 기술인 다양한 모양 그리기나 따라 쓰기를 먼저 가르친다.

5. 점차 도움 주는 정도를 낮춰서 혼자서 글 쓰는 능력을 향상시킨다.

6. 복습의 효과를 높이기 위해 여러 번에 걸쳐, 이전에 배운 것도 포함해서, 다양한 문제를 실시한다.

학습클리닉 전문가 최정금 소장이 제시하는 '쓰기 학습부진 아이를 위한 학습지도방법'은 다음과 같다.

1. 쓰기 속도 재기

보통 초등학교 저학년은 공책 5줄을 쓰는 데에 10분 이상 걸리지 않아야 하고, 고학년은 5분 이상 걸리지 않아야 한다.

• 쓰기 속도를 재는 방법: 교과서나 일반도서, 공책, 연필, 초시계 등을

준비하고, '시작'과 함께 초시계를 누르고 책에 있는 내용을 공책에 그대로 옮겨 쓴다. 공책의 5줄을 모두 채우면 '그만'을 외치고 멈춘다. 공책 5줄을 채우는 데에 걸린 시간을 날짜와 함께 기록한다.

- 제한시간 안에 옮겨 쓰는 활동을 하면 어절 단위로 쓰는 훈련이 되므로 학습효율성을 높이는 데에 도움이 된다.

2. 실시간 대화내용 쓰기

자연스럽게 일상적인 대화를 하면서 실시간으로 말하는 것을 그대로 쓰면 된다.

- 실시간 대화내용을 쓰는 방법: 인원수대로 필기구를 준비하고, 학습놀이를 하는 것처럼 각자 말하는 내용을 그대로 노트에 적는다. 말하는 내용을 쓸 때는 마침표를 찍은 후에 다음 줄로 넘어가게 한다. 1쪽 정도의 분량을 채운 후에는 학생이 자신이 쓴 것을 소리 내어 읽으면서, 맞춤법이 틀렸다고 생각하는 글자에 표시하고 바르게 고쳐보도록 한다. 학생이 쓴 것을 함께 읽어보면서 맞춤법이 틀린 부분을 수정한다.
- 실시간 대화내용 쓰기 활동을 하면 말의 속도가 서로 느려지는 효과가 있어서 평소에 말을 빠르게 하는 학생들의 속도를 늦추는 연습이 되고,

발음이 부정확해서 말하는 것에 자신 없었던 학생들에게 편안함을 줄 수 있으며, 자연스럽게 표현력을 향상시킬 수 있는 기회가 된다.

3. 역할 바꿔서 받아쓰기

아이가 받아쓰기를 하는 이유는 철자공부를 하기 위해서이다. 이 때문에 아이가 글자를 잘 모른다면 효과가 떨어진다. 따라서 역할을 바꿔서 아이가 부르고 부모나 교사가 받아쓰면서 철자를 하나씩 틀리게 쓴다. 그런 다음 아이가 정답과 꼼꼼하게 비교하며 채점을 하고, 그러면서 철자공부를 하게 되는 것이다.

- 역할 바꿔서 받아쓰기를 하는 방법: 교과서와 책, 공책, 필기구를 준비하고, 학생이 부르고 교사나 부모가 받아쓰기를 하며, 학생에게 채점을 해달라고 한다.
- 역할 바꿔서 받아쓰기를 하는 동안에 부모나 교사는 아이의 입장을, 아이는 부모나 교사의 입장을 이해할 수 있어서 의사소통에도 효과적이다.

4. 좌표 안의 글자 옮겨 쓰기

모눈종이 같은 좌표공간에 글자를 그대로 옮겨 쓰는 활동이다.

- 좌표 안의 글자를 옮겨 쓰는 방법: 여러 모양과 글자가 있는 모눈종이, 빈 모눈종이, 필기구, 자를 준비하고, 주어진 모눈종이를 보면서 빈 모눈종이에 똑같은 모양과 글자를 써넣도록 한다. 옮겨 쓰기가 모두 끝나면 원본과 비교하면서 틀린 부분을 확인한다. 틀린 부분을 찾아내면 스스로 고치도록 하고, 틀린 부분을 찾아내지 못하면 교사와 함께 확인하면서 고친다.
- 좌표 안의 글자를 옮겨 쓰는 동안에 모양지각력과 주의 집중력을 향상시킬 수 있고, 주의지속 시간을 늘리는 데에도 효과적이다.

쓰기가 익숙해진다면 보통 학생들도 어려워하는 작문하기에 도전해보는 것도 좋다. 작문을 할 때는 계획하기, 초고 쓰기, 편집 및 수정하기, 출판하기 등의 과정을 거친다. 쓰기 지도와 마찬가지로 작문 지도 시에도 필요할 때마다 적절한 도움을 주는 편이 효과적이다.

학습부진아를 위한
수학 지도방법

'수학 학습부진'은 수학을 잘 못하는 것이다. 다른 과목도 마찬가지겠지만 특히 수학의 경우에는 학습자의 특성, 교과 내용, 학습목표 등에 따라서 못하는 이유가 달라지므로, 이런 점을 고려해서 효과적인 지도방법을 찾는 편이 좋다.

말리크(Jitendra Malik, 인도 출신의 미국 UC버클리대학교 교수)는 '일반적인 수학 학습부진 지도방법'을 다음과 같이 제시한다.

1. 학습목표는 수업을 통해 학생이 무엇을 할 수 있는가에 초점을 맞춰서

객관적이고, 관찰 가능하며, 분명하고, 완결된 행동 형태로 진술한다.

2. 새로운 지식이나 기술은 1번에 1가지씩 가르친다.

3. 배경 지식이나 선수 지식에 대한 복습에 충분한 시간을 들인다.

4. 개념이나 원리, 공식, 문제를 자세하고 명확하게 설명한다.

5. 수업시간을 효율적으로 활용해서 성적을 최대한 높이는 방향으로 수업을 설계한다.

6. 충분하고도 적절한 예를 든다.

7. 개인적인 연습시간을 충분히 제공한다.

8. 이전에 배운 기술이나 지식의 복습시간을 여러 번으로 나누어서 자주 제공한다.

9. 오류가 발생하면 정답을 아는 데에 도움 되는 긍정적인 피드백을 즉시 제공한다.

《학습부진학생의 이해와 지도》의 저자 이대식 교수는 '효과적인 수학 지도방법'을 다음과 같이 제시한다.

1. **선수학습 기술과 지식을 확인한다** 수학은 내용 간 위계가 뚜렷하다는 특성이 있어서, 선수학습 결손 여부가 현재의 학습에 큰 영향을 미치므

로 이를 반드시 확인해야 한다.

2. **교사가 명확한 시범을 보여야 한다** 명확한 시범이란 단계별 문제해결 과정을 차근차근 설명하면서 학생이 스스로 할 수 있을 때까지 지원하는 것을 의미한다.

3. **개별 연습시간을 충분히 갖도록 한다** 학습부진 아이들은 학습결손이 심하고, 이해력이 낮으며, 해결할 수 있는 문제 수가 적고, 일반화 능력도 부족하기 때문에 연습시간을 충분히 부여해야 한다.

4. **수준이 비슷한 학생들끼리 소그룹을 형성한다** 8～9인 정도의 소그룹을 구성해 수업을 하면 학생을 개별 지도하기도 쉽고, 학생들을 지도하는 시간도 늘어난다는 장점이 있다.

5. **적절하게 빠르면서 다수의 장면 전환이 있는 수업을 한다** 수업 진행 속도를 빠르게 하되, 해당 수업에서 가르치려고 하는 개념이나 원리와 관련된 활동을 5～6개 정도로 구성해서 학생들이 지루함 없이 수업에 몰입할 수 있도록 한다.

6. **'자기질문법'과 '생각 크게 말하기 기법'을 활용한다** 이 2가지는 학생들이 학습에 능동적으로 참여하게 만드는 방법이므로, 기억과 회상능력을 향상시킨다.

7. **오류 유형을 진단하고 그에 따라 지도한다** 오류가 드러나면 즉시, 긍

정적으로, 일정한 순서와 틀에 맞춰서 체계적으로 교정한다.

8. **학습진전도 점검 결과를 활용한다** 1~2주에 1번 정도는 학습을 어느 정도 수행하고 있는지 점검하고, 이를 그래프의 연간 목표선에 대비해서 나타낸 후 학생 및 학부모와 공유한다.

9. **구체물을 활용한다** 추상적인 수학 개념은 구체물(사물 그림) → 반구체물(사물 기호) → 수학개념 → 기호 + 숫자순으로 가르치는 것이 효과적이다.

10. **연산 유창성을 향상시켜야 한다** 이를 위해서는 90퍼센트 이상 높은 수준의 정답률을 목표로 정해서 문제 푸는 요령이나 방법을 알려주고, 제한시간 내에 기록을 경신하는 방식으로 문제 푸는 속도를 향상시켜야 한다.

11. **응용능력을 향상시켜야 한다** 수업시간에 배운 수학 지식이나 기술을 새로운 문제에 일반화하려면 학습동기 향상시키기, 수업 중에 배우는 이유에 대해 토론하기, 배우는 내용과 관련해 다양한 실생활 예시와 경험 제공하기 등이 효과적이다.

12. **문장제 문제해결능력을 향상시켜야 한다** 이를 위해 문제를 읽고 이해하기, 적합한 수학적 식 세우기, 오류 없이 연산하기, 도표나 도형, 그림으로 그려보기, 문제의 주요 단어에 주목하기 등이 효과적이다.

학습클리닉 전문가 최정금 소장이 제시하는 '수학 학습부진 아이를 위한 학습지도방법'은 다음과 같다.

1. 숫자 거꾸로 세기

숫자 공부를 할 때 순서대로 되뇌기는 많이 연습하지만 거꾸로 되뇌기는 잘 연습하지 않으므로 매일 규칙적으로 연습하는 것이 좋다.

- 숫자를 거꾸로 세는 방법: 시작 숫자를 정해서(보통 100) 거꾸로 세기를 시작하고, 거꾸로 세기가 잘되는 정도에 따라 시작 숫자를 50씩 늘려가거나 줄여나가며, 거꾸로 세기가 잘 안 되는 부분을 체크하면서 그 부분을 중점적으로 되뇐다.
- 숫자 거꾸로 세기는 집중력 향상과 뺄셈 계산능력 향상의 효과가 있다.

2. 역할을 바꿔서 연산문제 풀기

학생이 반복된 계산문제 연습을 힘들어하며 거부할 때는 교사와 학생의 역할을 바꿔본다. 교사가 문제를 만들어 풀고 학생에게 채점을 해달라고 하면 분위기가 바뀌면서 다시 즐겁게 계산 연습을 할 수 있다.

- 역할을 바꿔서 연산문제를 푸는 방법: 공책과 필기구를 준비하고, 교사가 직접 덧셈과 뺄셈, 곱셈, 나눗셈 문제를 만들어서 풀며, 학생에게 채점을 해달라고 한다.
- 역할을 바꿔서 연산문제를 풀면 채점을 하는 학생이 더 꼼꼼하게 문제를 살펴보면서 풀어야 하므로, 즐겁게 공부하는 동시에 문제해결능력도 키울 수 있다.

3. 계산기를 사용해서 채점하기

연산문제를 푼 후에 정답지를 보고 채점하는 것도 좋지만 가끔은 계산기를 눌러가면서 채점을 하면 아이들이 즐거워한다.

- 계산기로 채점하는 방법: 연산문제와 계산기, 필기구를 준비하고, 주어진 연산문제를 모두 풀도록 하며, 계산기로 문제를 채점한다.
- 계산기를 사용해서 채점하면 계산기 버튼을 누르면서 정답을 보는 활동을 통해 암산능력을 키울 수 있다.

4. 오답노트나 가르치기 노트 만들기

오답노트는 모르는 문제나 틀린 문제를 다시 풀어보기 위해 문제와 정답을 적은 노트이다. 가르치기 노트는 수학일기와 비슷한데, 틀린 문제를 말로 가르치듯이 설명하는 식으로 쓴 노트이다.

- 오답노트나 가르치기 노트를 활용하면 문제해결과정에 대한 자가 점검과 반성의 효과가 있어서 문제해결능력을 향상시킬 수 있다.

수학 학습부진 학생들에게 금방 큰 효과를 나타내는 지도방법을 찾는 것은 쉽지 않은 일이다. 하지만 위에서 소개한 다양한 방법을 잘 활용한다면, 조금씩 변화되는 모습을 보이면서 오래지 않아 학습부진에서 벗어날 수 있을 것이다.

영역별 학습부진 체크리스트:
읽기, 쓰기, 수학, 정보처리기술, 언어기술

이 검사는 5개 영역별로 5문항씩, 총 25개의 질문으로 이루어져 있다. 질문을 하나씩 차례대로 읽어가면서 평소 자기 자신의 모습과 비슷하다면 O, 비슷하지 않다면 X에 표시한다.

이 검사는 시간이 제한되어 있지 않다. 그러나 될 수 있는 한 빨리 답하고, 1문제라도 답하지 않고 넘어가는 일이 없도록 주의해야 한다. 보통 2~3분 정도면 모든 문제를 충분히 소화할 수 있을 것이다. 그럼 지금부터 시작해보자.

1. 같은 학년의 또래에 비해 읽기 수준이 낮은 편이다. O X

2. 단어를 소리 내어 읽을 수 있는 능력이 떨어진다. O X

3. 독해력이 부족해서 책 읽는 데 어려움이 있다. O X

4. 읽은 자료를 기억하는 능력이 낮다. O X

5. 읽는 속도가 느려서 책을 많이 읽지 못한다. O X

6. 필체가 나빠서 다른 사람이 알아보기 어렵다. O X

7. 맞춤법이 서툴러서 단어를 정확하게 쓰지 못한다. O X

8. 쓰는 속도가 느려서 노트 필기를 잘 못한다. O X

9. 받아쓰기를 하면 맞는 것보다 틀리는 것이 더 많다. O X

10. 독후감이나 일기를 쓰는 일이 너무 싫다. O X

11. 더하기, 빼기, 곱하기, 나누기 등 사칙연산을 잘 못한다.　　O　X

12. 수학적 개념을 잘 모른다.　　O　X

13. 돈 계산을 잘 못해서 어려움을 겪는다.　　O　X

14. 시계를 볼 줄 모른다.　　O　X

15. 분수와 소수, 백분율 등 고급 연산능력이 부족하다.　　O　X

정보처리기술 영역 ✳

16. 선생님이 수업 중에 하는 말을 잘 이해하지 못한다.　　O　X

17. 위와 아래, 왼쪽과 오른쪽 등 시각적·공간적 개념을 잘 혼동한다.　　O　X

18. 소근육이나 대근육의 운동 협응능력이 떨어진다.　　O　X

19. 남을 따라서 모방하는 것이 어렵다.　　O　X

20. 주의 집중력이 부족해서 산만한 편이다.　　O　X

21. 발음이나 문법이 정확하지 않다. 　O　X

22. 말을 할 때 더듬거리는 편이다. 　O　X

23. 어휘력이 부족해서 표현을 잘 못한다. 　O　X

24. 목소리가 쉬었거나 거친 편이다. 　O　X

25. 어린애처럼 말하거나 말하기 자체를 꺼린다. 　O　X

✔ 영역별 평가

- **4~5개** 테스트 결과가 4개 이상으로 나왔다면 매우 심각한 영역별 학습부진의 특징을 보인다고 할 수 있다. 이 책을 꼼꼼히 읽어보면서 개선점을 하나씩 찾아보자.

- **2~3개** 테스트 결과가 2개 이상으로 나왔다면 조금 심각한 영역별 학습부진의 특징을 보인다고 할 수 있다. 자신의 장점을 유지하면서 보완해야 할 점을 하나씩 추가해나간다면 좋은 결과가 있을 것이다.

- **0~1개** 테스트 결과가 1개 이하로 나왔다면 영역별 학습부진의 특징이 거의 없다고 할 수 있다. 자신감을 가지고 노력한다면 좋은 성과를 기대할 수 있다.

학습부진아를 위한
시간관리 지도방법

학습부진에서 벗어나려면 물리적인 공부시간을 반드시 확보해야 하므로, 무엇보다 시간관리가 중요하다. '시간을 관리한다'는 것은 공부할 시간을 계획하고, 계획한 대로 실천하며, 실천한 것을 평가하는 활동을 의미한다. 시간은 1일, 1주, 1달, 1년, 10년, 평생의 개념을 포함하므로, 시간관리는 곧 개인의 삶 전체에 영향을 미치는 자기관리의 핵심이라고 할 수 있다.

학습부진 학생들에게 가장 필요한 시간관리의 기술은 '시간 지키기'이다. 교사나 부모가 약속한 시간을 지키는 모범을 보이고, 학생도 시간을 잘 지키도록 지도해야 한다. 등하교 시간이나 식사시간, 공부시간 등을 잘 지키는지 살펴보고, 잘 안 되는 부분이 있으면 방해요인이 무엇인지를 찾아서 없애야 한다. 시간 지키기가 잘되면 구체적인 시간 활용방법에 대해 하나씩 알아갈 준비가 된 것이다.

시간관리의 기본은 현재 시간을 어떻게 쓰고 있는지 확인하는 '시간 분석'에서 출발한다. 시간 분석을 하려면 3일 정도 시간을 내서 메모지나 노트에 하루 24시간 동안 어떤 활동을 했는지 시간대별로 꼼꼼히 기록한 후, 항목별로 정리해야 한다.

주요 항목은 다음과 같다. 항목별로 시간을 어느 정도 쓰는지를 파악하고, 공부하는 시간을 어떻게 늘릴 수 있는지, 어떻게 하면 좀 더 효율적으로 시간을 쓸 수 있는지 생각해본다. 계획을 세울 때도 이를 반영한다.

- **식사** 아침, 점심, 저녁, 간식 등.

- **수면** 낮잠 포함.

- **수업** 학교, 학원, 과외 등.

- **숙제** 학교, 학원, 과외 숙제 등.

- **공부** 숙제를 제외한 순수 공부시간.

- **여가** 텔레비전, 컴퓨터, 스마트폰, 놀이, 만화책 등.

- **이동** 등하교, 대중교통, 도보 등.

- **기타** 화장실, 샤워, 종교, 가방 챙기기 등.

시간을 분석한 후에는 우선순위를 정한다. '시간'이란 하루 동안 '우리가 하는 일의 모음'이라고 할 수 있다. 그러나 모든 일을 다 할 수는 없으므로, 우선순위를 기준으로 해야 할 일을 선택한다. 우선순위를 정할 때는 하루 동안에 해야 할 일과 하고 싶은 일을 생각나는 대로 적으면서 목록을 만든다. '긴급함'과 '중요함'을 기준으로 하여 4개 영역(긴급하고도 중요한 일, 긴급하진 않지만 중요한 일, 긴급하지만 중요하지 않은 일, 긴급하지도 않고 중요하지도 않은 일)으로 나누고, '시간 관리 매트릭스'를 만든다.

1영역 긴급하고도 중요한 일. 시험공부, 학교 숙제 등.

2영역 긴급하진 않지만 중요한 일. 미리 계획하고 준비하는 일.

3영역 긴급하지만 중요하지 않은 일. 예상치 못하게 걸려온 전화나 계획에 없던 약속 등 갑자기 생긴 일.

4영역 긴급하지도 않고 중요하지도 않은 일. 놀 거리, 즐길 거리 등.

시간관리를 잘 못하는 학생은 '4영역 → 3영역 → 1영역 → 2영역' 순서로 시간을 쓴다. 그에 반해 시간관리를 잘하는 학생은 '2영역 → 1영역 → 3영역 → 4영역' 순서로 시간을 쓴다.

가만히 보면 3영역과 4영역은 공부와 별로 관련이 없는 일이고, 1영역과 2영역은 공부와 관련이 많은 일이다. 따라서 시간관리를 잘하려면 '공부'를 기준으로 공부와 관련된 일을 얼마나 많이 할 수 있느냐가 관건이다. 학습부진 아이들은 아무 생각 없이 공부와 관련이 없는 일을 쉽게 선택하는 성향이 강하므로, 선택의 순간에 잠깐 멈추어서 판단할 수 있는 기회를 가지도록 도와주어야 한다.

우선순위를 정한 후에는 일간계획을 세운다. 일간계획을 세울 때는 시간표에 '몇 시부터 몇 시까지 어떤 활동을 어떻게 한다'는 식으로, 구체적으로 적어야 한다. 가능하면 집중이 잘되는 시간을 파악해서 그 시간에 공부나 숙제, 중요한 일을 배치하고, 집중이 잘 안 되는 시간에는 공부와 관련이 없는 일을 배치한다. 일간계획표는 한번 만들었다고 그대로 고정되는 것이 아니라, 매일 실천하면서 자신에게 맞도록 조정해나가는 것이 중요하다. 일간계획을 실천하고 난 뒤에는 일간평가를 한다. 처음에는 해야 할 일의 목록 옆에

‘O’ ‘X’로 간단하게 표시를 한다.

차츰 익숙해지면 학습일기를 쓰기 시작하는 것도 좋다. 학습일기는 하루 동안 공부한 것과 관련하여 기억나는 내용 그리고 느낀 점을 일기처럼 쓰는 것이다. 잘한 일에는 칭찬을 하고, 잘못한 일에는 반성을 하면서 시간관리능력을 키운다.

시간관리는 어른도 잘 안 되는 어려운 일이다. 보통 학생도 무척이나 어려운 일이므로 학습부진 아이들에게는 감당하기 벅찬 일이 될 수도 있다. 따라서 너무 큰 기대를 하지 않는 것이 중요하다. 그저 ‘아이가 시간을 어떻게 쓰는지에 대한 정보를 파악하는 계기로 삼는다’는 편안한 마음을 가지고 하는 편이 좋다. 계획대로 잘 지키지 못한다 해도 나무라지 말고, 하나라도 잘 지킨 것이 있다면 칭찬해주는 것이 바람직하다.

학습부진아를 위한
주의 집중력 지도방법

학습이 제대로 되려면 학습내용이나 과제에 주의를 집중해야
한다. 주의 집중은 필요한 자극에 주의를 기울이는 '선택적 주의',
그 자극에 계속 머무를 수 있는 '주의 지속시간', 한 자극에서 다른
자극으로 주의를 옮길 수 있는 '주의 이동'의 모든 활동을 포함한다.

주의 집중을 잘하려면 방해요인을 극복할 줄 알아야 한다. 공
부를 방해하는 외적 자극으로는 친구, 소음, 날씨 등이 있고, 내적
자극으로는 피로감, 배고픔, 미래에 대한 걱정 등이 있다.

주의 집중을 위한 기본적인 학습전략은 '중요한 내용 확인하

기' '이해도 점검하기' '과제에 계속 집중하기' 등이 있다. 수업시간과 공부시간으로 나누어서 주의 집중력을 향상시킬 수 있는 방법을 알아보자.

수업시간에 주의 집중을 잘하기 위한 방법은 다음과 같다.

1. **수업시간에 앉는 자리를 바꿔서 주의 집중시간을 늘린다** 교사와 눈을 마주칠 수 있는 가까운 자리나 쉽게 일어나서 이동하기 힘든 자리에 앉으면, 딴짓을 하고 싶어도 조심하게 되므로 수업 집중에 도움이 된다.

2. **수업내용을 모두 그대로 받아 적는다** 수업내용을 모두 필기하려면 교사가 말하는 내용에 집중하면서 손을 계속 움직여야 하므로, 자연스럽게 수업에 집중하게 된다.

3. **15분 동안 집중하는 연습을 한다** 수업시간 내내 집중하는 것은 현실적으로 어렵기 때문에, 15분 정도 시간을 정해서 집중하는 연습을 하면 집중력 향상에 도움이 된다.

4. **핵심 단어를 집중해서 듣는다** 수업을 들으면서 '이거 중요하다' '시험에 나온다' '밑줄 그어라' '요약해서 말하면' 등의 말로 강조하는 내용은 특별히 더욱 집중해서 들어야 한다. 핵심 단어에 집중해서 듣는 연습을

하면 자연스럽게 학습효과도 향상된다.

한국교육과정평가원의 《학습종합클리닉센터 요원 연수 자료 집》에는 주의 집중력 향상을 위한 행동전략이 소개되어 있다.

1. **책상 정리를 잘한다** 책상 주변에 게임기나 만화책, 거울, 연예인 사진 등 집중력을 방해하는 물건이 있으면 산만해질 수 있으므로 치우는 편이 좋다.

2. **공부가 잘 안 될 때는 야외에서 공부한다** 장소에 변화를 주면 재충전 효과와 주의 환기 효과가 생겨서 집중력 향상에 도움이 된다.

3. **제한시간 안에 과제를 해결하지 못하면 시한폭탄이 터진다는 생각으로 집중한다** 예를 들어 즐겨 보는 텔레비전 프로그램이 시작하기 전에 숙제를 끝내겠다는 목표를 세우면 자신도 모르게 몰입할 수 있다.

4. **하기 싫은 일을 재미있게 한다** 예를 들어 일의 규칙성을 찾는다든지, 더 잘할 수 있는 방법을 찾는다든지, 가상의 라이벌을 정해두고 경쟁한다든지 하는 방법은 집중력 향상에 도움이 된다.

5. **규칙적인 운동으로 집중력을 높인다** 스트레칭이나 운동을 꾸준히 하면 책상에 오랫동안 앉아 있을 수 있는 체력을 길러주므로 집중력 향상

에 도움이 된다.

6. **하루 세끼 식사는 꼭 한다** 공부는 두뇌 활동이고, 뇌의 가장 중요한 영양소는 음식 섭취를 통해 공급되므로, 규칙적인 식사는 집중력 향상에 필수이다.

7. **잠을 충분히 잔다** 충분히 잔다는 것은 오래 자는 것이 아니라 자신의 수면 리듬에 맞게 '질적으로' 충분히 자는 것을 의미한다.

게임을 하듯이 주의 집중력을 향상시키는 방법도 활용하면 좋다. 공부를 하기 전에 숨은 그림 찾기를 하거나 사람들 속에 숨어 있는 월리를 찾아보는 것도 좋다. 특정 그림을 10초 동안 보여주고 얼마나 잘 관찰해서 기억하고 있는지 몇 가지 퀴즈를 풀어보는 것도 좋다. 교과서를 아무 데나 펼쳐서 '은' '는' '을' '를' '고' '다'와 같은 특정 단어가 1쪽에 몇 개나 있는지 정확하게 찾아보는 것도 좋은 방법이다. 이때는 제한시간을 두고, 시간 내에 정확하게 모두 찾았을 경우 그에 걸맞은 적절한 보상을 해주면 더욱 좋다. 공부를 시작하기 전에 교과서의 공부할 부분으로 특정 단어 찾기 게임을 하면 예습의 효과를 거둘 수도 있으므로 학업성취 향상에 큰 도움이 된다.

집중력이란 어떤 사물이나 대상에 정신이나 육체를 집중하는 능력을 말한다. 주의 집중은 외부에서 들어온 정보를 처리하는 첫 단계이기 때문에, 집중력이 학업성취에 미치는 영향은 무척이나 크다. 주의 집중능력이 떨어지면 이해력과 기억력, 판단력, 창의력도 따라서 떨어지므로, 학습부진을 극복하기 위해서는 주의 집중력 향상에 각별한 노력이 필요하다.

영역별 학습부진 지도 시
유형별 팁과 유의사항

　행복한일자리지원센터에서 펴낸《학습부진아동 지도방법 및 사례집》에는 지역아동센터에서 학습부진 아이들을 만나며 경험으로 알게 된 다양한 노하우가 많이 실려 있다. 산만하거나 고집 센 아이를 지도하는 방법, 부정적이거나 방어적인 아이를 지도하는 방법, 숫자도 모르는 아이에게 사칙연산을 가르치는 방법, 읽기가 안 되는 아이에게 요약 숙제를 지도하는 방법 등 실전에서 바로 사용할 수 있는 방법으로 가득하다. 영역별 학습부진 지도 시, 아이의 유형별로 어떻게 대처하면 되는지 살펴보자.

1. 아이가 수업시간에 주의 집중을 못 하고 산만하게 행동할 때

그 행동을 지적하는 것보다는 수업으로 관심을 유도하는 것이 효과적이다. 예를 들어 필기구로 장난을 친다면 '장난치지 마'라는 말 대신에 지금 하고 있는 부분을 교사가 큰 소리로 읽는다든지, 뭐라고 설명했는지 아이에게 물어본다든지, 1분 정도 침묵한다든지 하는 방법으로 주의를 환기시킨다. 아이가 교사의 반응을 살피면 부드럽게 눈을 맞추고 다시 수업을 진행한다. 산만한 행동 때문에 혼난 경험이 많은 아이는 자신에 대한 부정적인 인식이 강하므로, 수업 내내 긍정적인 자아 이미지를 가질 수 있도록 도와줘야 한다.

2. 다른 친구들과 어울리기 힘들어하는 아이를 지도할 때

친밀한 관계형성을 하는 데에는 시간이 필요하다는 점을 알려준다. 교재보다는 교구를 먼저 보여주며 학습동기를 유발하고, 스티커나 도장 등 보상물을 활용한다. 잘못을 지적할 때는 큰소리를 내지 말고 타이른다.

3. 무기력하고 고집 센 아이를 지도할 때

수업시간에 꾸준하게 참여할 수 있도록 습관을 들인다. 다른 아이들이 수업시간에 참견하거나 방해하지 못하도록 하고, 아이의 컨디션을 세밀하게 체크해서 그날그날 학습량을 조절한다. 아이와 함께 수업시간의 규칙을 정한 후 학습성취에 따른 포상을 하고, 단 기간에 결과물이 나올 수 있는 과제를 중심으로 수업을 진행한다.

4. 학습에 자신감이 없는 아이를 지도할 때

수업시간 외에도 잘한 부분을 기억해두었다가 칭찬한다. 말이나 글, 그림으로 자신을 표현할 수 있는 기회를 주고, 쪽지시험을 통해 자신감을 향상시킨다. 공부를 하다가 모르거나 틀릴 수 있다고 알려주고, 그럴 때는 선생님이 도와줄 거라는 믿음을 준다.

5. 매사에 부정적인 아이를 지도할 때

작은 약속이라도 잊지 말고 꼭 지킨다. 교사가 먼저 예의 바르고 따뜻한 태도로 아이를 대하고, 시각적인 교구를 사용해 아이의 학습의욕을 높인다. 아이의 학습태도를 예민하게 관찰하다가 진전된 모습을 보이면 칭찬해준다.

6. 표현을 잘하지 않는 방어적인 아이를 지도할 때

아이가 표현을 시작할 때까지 교사가 주도적으로 수업을 이끈다. 아이의 상황을 진지하게 이해하고 공감해주며, 아이가 쉽게 참여하면서 성취감을 느낄 수 있는 교구를 활용한다. 아이가 소질을 보이는 부분을 찾아서 장래 희망으로 연결시키면 학습동기 유발에 효과적이다.

7. 감정기복이 심한 아이를 지도할 때

'왜 공부해야 하는지'에 대해 충분히 설명한다. 아이가 느끼는 감정을 알아주고, 선생님은 어떤 감정이든 이해하는 넓은 마음을 가지고 있다고 말해준다. 아이의 성격과 관심사를 고려한 교구를 사용하면 효과적이다. 무엇보다 아이의 감정기복에 흔들리지 말고 의연한 마음으로 수업에 임하는 자세가 중요하다.

8. 읽기와 쓰기가 전반적으로 부진한 아이를 지도할 때

교구 색깔을 컬러화해서 시각적인 주의 집중을 유도한다. 받아쓰기 문제는 아이가 스스로 어렵다고 생각하는 낱말을 익혀서 테스트할 수 있도록 하고, 교재 외에 국어사전과 한자카드를 활용해서 낱말을 이해하도록 돕는다. 점점 실력이 향상될 수 있도록 조금씩 어려운 난이도에 도전하면서 적절히 보상을 하고, 교사도 아이와 함께 역할에 참여해서 적극적으로 활동하도록 도와준다. 읽기와 쓰기에 거부감이 있는 아이를 지도할 때는 먼저 읽기에 대한 두려움을 없애는 것이 중요하다. 아이의 일상생활에서 읽기 연습을 할 수 있는 부분을 찾아보고, 아이가 직접 쓴 문장을 교사가 다시 읽어줌으로써 성취감을 맛볼 수 있도록 도와준다.

9. 수학에 자신감이 없는 아이를 지도할 때

아이의 수학능력과 결손 부분에 대해 정확히 알아야 한다. 칭찬과 격려로 자신감을 북돋워 주고, 적절한 보상을 하면서 친구들에게 자랑도 한다. 아이가 자신 있게 수행할 수 있을 정도의 과제를 부여하고, 보이는 사물을 활용해서 수학 문제를 풀 수 있도록 충분히 힌트를 제공한다.

10. 사칙연산을 막 시작하는 아이를 지도할 때

자신감을 가질 수 있도록 대답을 기다린다. 반복해서 연습할 수 있게 도와주고, 같은 문제를 여러 가지 방법으로 풀어보도록 연습시킨다. 예를 들어 곱셈을 나눗셈으로 변형하거나, 문장을 나눗셈 식으로 변형하는 방식이다. 계산식을 눈에 보이는 교구로 표현해서 빈칸 채우기를 하면 효과적이다.

《학습부진학생의 이해와 지도》의 저자 이대식 교수가 제시하는 '학습 피드백의 4가지 원칙'도 알아두면 유용하다.

1. **피드백은 긍정적으로 한다** 비록 틀린 답을 적었더라도 '문제를 풀려고 많이 노력했구나' '글씨를 아주 깨끗하게 잘 썼구나'라는 말로 칭찬을 한다.

2. **피드백은 즉시 제공한다** 아이가 잘못하고 있는 걸 발견하면 즉시 그 자리에서 중지시키고 정답이나 바른 절차를 알려준다. 오답은 시간이 오래될수록 고치기가 어려워지기 때문이다.

3. **피드백은 정답을 찾는 데에 도움이 되도록 한다** '어떻게 그렇게 못 풀수 있니?' '똑바로 해야지' 등과 같은 추상적인 피드백보다는 '이렇게 풀어보는 것은 어떨까?' '여기가 잘못된 것 같으니 이렇게 해봐'처럼 구체적인 지침을 제공해주거나 관련 정보를 제시하는 것이 좋다.

4. **피드백은 그래프나 도표를 사용해서 가능하면 시각적으로 제시한다**

아이의 변화를 수치나 말보다는 그래프나 도표로 보여줌으로써 자신의 현재 수행 정도에 대한 이해도를 높일 수 있고, 학습동기도 향상시킬 수 있다.

학습부진 아이를 지도할 때, 정답이 있는 것은 아니다. 그렇지만 앞서 길을 걸어간 선배 교사들의 현장 노하우를 지속적으로 살펴본다면 좀 더 좋은 효과를 거두는 데에 도움이 될 것이다.

Part 4

학습부진아
학습코칭 사례

학습클리닉프로그램을 활용한
학습부진 지도 사례

경상남도교육연수원에서 발간한 《2013년도 초등 교원능력개발 학습부진학생지도 직무연수》 교재에는 김해 내동초등학교 최윤진 선생님의 '학습클리닉프로그램을 활용한 학습부진 지도 사례'가 구체적으로 실려 있다.

학습클리닉프로그램이란 동기향상 클리닉과 학력향상 클리닉을 통해 학습자신감을 향상시켜서 진정한 학력향상을 꾀하는 것을 말한다. 학습클리닉프로그램은 학습동기부여를 위한 교수학습전략의 필요성이 대두되고, 효과적인 교과지식 전달, 사회성과 인성 등 정서적 영역의 발달과 성장의 필요성 때문에 개발하게 되었다.

학습클리닉프로그램은 '진단' '처방' '관리'의 3가지 과정을 거친다.

1. **학습부진아를 선별하고 진단한다**　학교 자체의 학습진단평가(학습유형검사)나 교육과정평가원의 진단평가(학습준비도검사), 전문의와 연계한 학습부진요인 진단검사(BASA검사)를 활용한다.

2. **맞춤별 처방프로그램을 운영한다**　'기초' '경계성' '교과부진' '보통학력'의 4개 학력군으로 나누고, 학습동기 향상을 위한 학습클리닉과 학력향상프로그램을 병행해서 처방하며, 수준별 이동수업을 실시하는 맞춤형프로그램을 제공한다.

3. **지속적으로 관리한다**　한국교육과정평가원의 학력관리프로그램과 나의 자람 보고서를 활용한다.

학습클리닉프로그램의 세부 운영 내용은 다음과 같다.

1. 학습자의 부진요인을 진단한다

학습부진 원인을 진단하는 이유는 교사가 학생의 학습부진 원인을 정확하게 파악함으로써 학력 향상 기반을 다질 수 있고, 적절한 해결방안을 제시할 수 있기 때문이다. 학생도 스스로 부진의 원인을 인지함으로써 교사의 지도를 적극적으로 받아들이고, 공부에 대한 거부감을 줄이며, 학력 향상을 위한 목표를 세울 수 있다.

기초학력향상지원 사이트에서 초등학교 교사가 이용할 수 있는 검사는 '학습유형검사' '학습저해요인 진단검사' '수학학습동기검사' '사회학습동기검사' '학교생활 적응도검사'의 5가지인데, 이 중에서 '학습유형검사(학습동기, 자기통제성, 학습행동)'와 '학습저해요인 진단검사'를 활용하여 학습부진의 원인을 진단하고, 검사 결과지를 상담지도 시에 참고자료로 쓴다.

2. 학습클리닉프로그램을 통해 처방한다

4개의 학력군 중에서 '기초와 경계'에 해당하는 학습부진 학생들을 대상으로 '나의 강점 기르기' 프로그램을 운영했다. 이 프로그램은 학생들이 자신의 강점을 찾아 기르고, 자신에게 부족한 부분을 보충해서 숨어 있는 자신의 잠재능력을 발견할 수 있도록 도와준다. 한국교육과정평가원의 '강점기반 학습도움 프로그램'을 활용하여 교실 수업에서 소외받는 학습부진 학생들이 모든 활동에 직접 참여하고, 개인별로 교사의 피드백을 받으며, 자신의 강점이 무엇인지를 찾고 기를 것을 목적으로 한다.

나의 강점 기르기는 '지혜' '인간애' '용기' '절제' '정의' '초월'이라는 6가지 강점(영역)으로 구성되어 있으며, 총 16차 시에 걸쳐 진행된다. 1~4차 시는 '호기심 찾기' '호기심 기르기' '학구열 찾기' '창의성 기르기'이고, 5~6차 시는 '사랑 기르기' '사회지능 찾기'이며, 7~10차 시는 '용감성 기르기' '끈기 기르기' '진실성 기르기' '활력 기르기'이다. 11~12차 시는 '신중성 기르기' '겸손 찾기'이고, 13~14차 시는 '공정성 찾기' '리더십 기르기'이며, 15~16차 시는 '심미안 기르기' '영성 기르기'이다.

나의 강점 기르기 프로그램을 운영한 결과, 학습부진 학생을 균형 잡힌 시각으로 파악하는 데에 도움이 되었으며, 긍정적인 변화의 시발점을 마련할 수 있었다. 체험과 활동 중심의 수업을 통해 학생들의 참여도를 자연스럽게 높일 수 있었고, 교사의 긍정적인 피드백을 받으면서 학생들이 그전에 인식하지 못했던 자신의 강점을 알기 시작했다. 이를 통해 자아존중감을 향상시킬 수 있었고, 학습에 대한 동기도 강화되었다.

3. 학습부진 아동을 '학습활동 관리프로그램'을 활용해 지속적으로 관리한다

학습활동 관리프로그램이란 학생의 학습진단과 지도, 결과 등의 학습활동을 기록하고 체계적으로 관리하는 프로그램이다. 학년이 올라가더라도 학생 1명의 총체적 학습활동을 전 학년도 자료로 받아서 누적 관리할 수 있고, 각종 양식으로 관리되었던 지도내용을 하나의 프로그램으로 통일해서 관리할 수 있으며, 아이의 자료가 데이터베이스화되어 지도교사가 바뀌거나 여러 명일 경우에도 자료의 공유가 편하다.

교육활동을 포트폴리오로 만든 '나의 자람 보고서'도 효과적인 관리에 도움이 된다. 나의 자람 보고서는 학생들의 학교생활 1년간의 모든 성취기록을 모은 것으로, 학습클리닉의 다양한 교재와 활동을 포함해서 학교생활 관련 목록을 구성하는 것이다. 초등 6년 동안 지속적으로 누적 관리하며, 졸업식 때 개별 수여를 하면 최고의 졸업선물이 된다.

맞춤형스터디 솔루션프로그램을 활용한
학습부진 지도 사례

경상남도교육연수원에서 발간한 《2013년도 중등 교원능력개발 학습부진학생지도 직무연수》교재에는 연희중학교 황유진 선생님의 '맞춤형스터디 솔루션프로그램을 활용한 학습부진 지도 사례'가 구체적으로 실려 있다.

학습부진 아이들은 학교생활에 흥미가 떨어져서 수업시간에도 집중도가 떨어지고, 자신의 장래에 대한 설계가 안 되어 있어서 자아효능감도 떨어지는 경우가 많다. 이때 단기적인 성적 향상 학습중심프로그램을 운영하면 학습에 참여도를 높이기 어렵고, 공부

못하는 아이들만 모이는 프로그램이라는 낙인 때문에 지속적으로 참여하지 않으려고 한다. 따라서 학습부진 아이들의 심리적·정서적 측면을 바탕으로 기초학습능력을 향상시킬 수 있는 체계적인 동기유발프로그램이 절실하다. 맞춤형스터디 솔루션프로그램은 이런 점을 고려해서 개발한 것이다.

맞춤형스터디 솔루션프로그램은 학습부진 아이들의 학습동기 향상프로그램과 학습능력향상을 위한 학습전략프로그램, 스터디 플래너를 활용한 자기관리프로그램으로 구성된다. 구체적인 실천방침은 다음과 같다.

1. 학습부진 학생의 특징을 파악하고, 진단검사를 실시해 개인의 특성에 맞는 맞춤형프로그램을 제공한다.

2. 학생의 출발점과 변화과정, 도달과정에 대한 상세한 기록을 통해 지속적인 지도가 가능하도록 하여 학습부진을 예방한다.

3. 학습동기 향상과 인지능력 향상, 행동의 변화를 추구한다.

4. 방과 후 학습부진아 대상 프로그램에 참여하지 않았던 학생들이 즐겁게 참여할 수 있는 분위기를 조성한다.

맞춤형스터디 솔루션프로그램의 실천 사례는 다음과 같다.

1. 학습부진 유형에 대한 진단을 통해 맞춤형 지도 대책을 수립한다

학습부진 유형검사로 학습동기, 자기통제성, 부진유형(노력형, 동기형, 행동형, 조절형), 학습행동, 상중하 등 항목별 수준을 체크한다.

상담을 통해 개인별 특성을 파악할 때는 '환경(부모, 경제, 비행, 다문화)' '개인(학습장애, 중독, 건강)' '기타'의 3가지 영역으로 살펴본 후에 유형별 지도방향을 설정한다. 가능하면 가정과 함께하는 책임지도체제를 확립하기 위해 '학생관찰일지'와 '진단평가 결과'를 가정통신문으로 학부모와 공유한다.

2. 맞춤형스터디 솔루션프로그램을 실행한다

학습동기향상프로그램은 '자기정체성 찾기(흥미의 호수 + 장단점의 호수 + 습관의 호수)' '자신감 향상(나만의 모델 만들기 + 생각의 싸움 + 내가 되고 싶은 것)' '목표 설정(미래 나의 모습 설계하기 + 미래 명함 만들기)' 등으로 구성된다. 맞춤형 학습전략프로그램은 '읽기 쓰기 전략(교과서 읽고 핵심내용 파악하기 + 교과서 밑줄 긋기 + 학습노트 필기법 + 신문 읽고 요약하기)'과 '주의 집중 훈련(스피드스태킹 컵 쌓기 + 3-3-3게임 + 대회)'으로 구성된다.

플래너를 활용한 자기관리프로그램에는 '시간관리(생활습관 점검 + 방해요인 파악 + 시간관리 매트릭스 + 나의 어제 돌아보기 + 주간계획 세우기 + 일일계획 세우기)'와 '시험전략(나의 시험불안 정도 + 시험준비의 원리 + 나만의 시험계획표 만들기)'으로 구성된다.

스터디플래너를 사용할 때는 스스로 기록하고 반성하여 효율적인 시간관리가 될 수 있도록 지도한다. 지속적인 사용을 독려하기 위해 '집중력 UP약' '기분 좋아져 약' '파워레이저 약' 등의 이름으로 간단한 간식거리를 함께 제공하면서, 보상을 통한 피드백을 한다. 일반적인 양식의 플래너가 잘 맞지 않는 아이의 경우는 창의인성이나 자아존중감, 학습동기 등에 중점을 둔 플래너를 사용하도록 한다.

3. 맞춤형스터디 솔루션프로그램의 실천 결과를 검증한다

프로그램 실행 전과 후를 비교해보니 학업성취도 면에서 평균 3점 정도가 향상되었고, 정서적 특성 변화 면에서 우울과 짜증, 불안 증상이 전반적으로 줄어들었다.

맞춤형스터디 솔루션프로그램을 통해 다양하고 긍정적인 효
과를 거둘 수 있었다. 학습부진 학생들을 꾸준히 관찰하면서 상담
할 수 있었고, 교사와의 교류를 통해 학생들에게 정서적인 안정을
줄 수 있었으며, 학생과 교사 모두에게 '할 수 있다'는 자신감을 심
어준 계기가 되었다.

또래튜터링프로그램을 활용한
학습부진 지도 사례

경상남도교육연수원에서 발간한 《2014년도 중등 교원능력개발 학습부진학생지도 직무연수》 교재에는 연희중학교 황유진 선생님의 〈또래튜터링프로그램을 활용한 학습부진 지도 사례〉가 구체적으로 실려 있다.

'또래튜터링프로그램 어깨동무'는 학급 내에 자기주도학습 동아리인 '어깨동무'를 구성해, 동아리 구성원끼리 서로 튜터와 튜티가 되어 협동적인 학습문화를 조성하는 프로그램이다. 또래 튜터링은 비슷한 발달요구 수준을 가진 학생들이 서로 지원하면서 보완적인 관계를 맺는 것을 의미한다. 비슷한 경험과 목표를 가지고 있어서, 라포 형성과 심리적 · 사회적 지원을 제공하는 데에 이상적인 형태다.

또래튜터링프로그램 어깨동무의 구체적인 실천 방침은 다음과 같다.

1. 동아리 구성은 학습부진 학생과 또래 봉사자들을 함께 구성해서 분위기를 만든다.
2. 모든 프로그램은 동아리 학생들과 함께하지만, 목적을 고려해 학습부진 학생들을 더욱 적극적으로 참여시킨다.
3. 학습부진 학생의 정의적 · 심리적 · 인지적 측면을 종합적으로 고려한 담임책임제 프로그램으로 운영한다.

또래튜터링프로그램 어깨동무의 실천 사례는 다음과 같다.

1. 서로에 대한 이해를 통해 자부심을 갖도록 하기 위해 '마음 열기'를 한다

마음 열기 활동에는 '친구야 나를 믿어(뒷사람이 눈을 감고 있는 앞

사람 어깨에 손을 얹고 방향을 제시해주는 활동)' '넌 나의 왼손, 난 너의 오른손(2명이 1조가 되어 각자 한 손만 사용하여 주어진 종이를 가장 길게 찢는 활동)' '입맛 열기(열심히 공부한 다음에 친구와 함께 자장면이나 치킨, 피자 먹기)' '눈으로 말해요(눈을 통해 상대방의 감정과 마음을 이해할 수 있도록 수화 교육 봉사활동에 참여하기)' '긍정카드(긍정의 의미를 담고 있는 문장을 카드로 전달하기)' 등이 있다.

2. 자기주도학습프로그램을 운영한다

자기주도학습프로그램에는 '학습동기 향상전략(진로에 대한 고민과 방향 설정하기)' '맞춤형 학습전략(읽기 쓰기 전략과 집중력 향상)' '행동관리전략(스터디플래너 작성과 자기관리능력 향상)' 등이 있다. 프로그램의 효과를 높이기 위해 쉬는 시간이나 점심시간, 어깨동무 동아리 시간 등을 활용하고, 봉사심이 강하고 설명능력이 뛰어난 학생을 사전 교육시킨 후에 학습부진 학생을 지도하도록 돕는 것이 좋다.

학습동기 향상전략 시간에는 활동지를 이용해서 장기적인 인생의 로드맵을 작성하도록 지도하고, 맞춤형 학습전략 시간에는 사회나 과학 교과서를 활용해서 밑줄 긋기, 핵심 개념 파악하기, 신문 읽고 요약하기 등을 집중적으로 실시하며, 행동관리전략 시간에는 시간관리의 다양한 방법을 소개하고 자신만의 시간노트를 작성하도록 지도한다.

3. 또래튜터링프로그램, 어깨동무의 실천 결과를 검증한다

튜터 학생은 다른 사람을 가르침으로써 기존의 학습이 탄탄해지고, 튜티 학생은 교사로부터 지도받는 것과는 달리 그들만의 언어로 소통하면서 편하게 배울 수 있다.

또래튜터링프로그램 어깨동무를 통해 다양하고 긍정적인 효과를 거둘 수 있었다. 시간이 지날수록 동아리 활동에 참여하는 자세뿐만 아니라 교사를 대하는 태도나 수업태도도 긍정적으로 변화된 모습을 보였고, 학습부진 학생뿐만 아니라 다른 학생들도 체계적으로 지도할 수 있게 되었으며, 학습부진 학생들에게 학업성취도 향상뿐만 아니라 협동적인 학습문화 조성에 기여한다는 자부심도 심어줄 수 있었다.

행동수정프로그램을 활용한
학습부진 지도 사례

이대식 교수의 《학습부진학생의 이해와 지도》에는 학습부진을 겪고 있는 초등학교 6학년 남학생(김 군)을 대상으로 행동수정프로그램을 적용한 사례가 자세히 소개되어 있다. 올바른 공부습관 형성을 통해 학업성취도 향상의 결과를 이끌어낸 구체적인 이야기 속으로 함께 들어가 보자.

김 군은 부모님, 중학생 형과 함께 생활하고 있다. 전업주부인 어머니는 아이를 잘 챙겨주는 편이다. 집에서 공부할 때는 집중하는 데에 시간이 오래 걸리고, 가끔씩 멍하니 있을 때가 있다. 학원도 다니면서 부족한 부분을 보충하고 있지만, 성적 향상의 기미가 보이지 않아서 답답해하고 있었다. 학교에서는 수업 집중도가 낮은 편이고, 수업을 들은 후에 기억했다가 시연하는 능력이 부족하며, 제한시간 내에 해결해야 할 문제를 제대로 수행하지 못하고, 배운 내용에 대해 질문하면 엉뚱한 답을 하는 경우가 많았다.

김 군과 상담을 하면서 담당 교사는 성적도 낮고 수업시간에 집중도 못 해서 개선이 필요하다고 얘기했다. 김 군 또한 교사에게 지적받는 문제행동이 반복되어 나타났고 다른 친구들이 황당해하는 반응도 있었기 때문에, 스스로도 변화가 필요하다는 것을 알고 있었다. 변하고 싶지만 잘되지 않는다면서 고민을 털어놓는 김 군에게 교사는 '도와주고 싶은데 같이 노력해보지 않겠니?'라고 말했고, 김 군은 흔쾌히 동의했다.

김 군의 부모와 상담을 했더니 어머니도 김 군에 대해 걱정이 많았다. 집중하는 데에 시간이 오래 걸리고 공부를 하는 데에도 한만큼 성적이 나오지 않았기 때문이다. 게다가 가족들은 걱정을 하고 있는데, 정작 김 군 본인은 너무나 태연하게 굴어서 답답하다고 했다. 행동수정프로그램으로 김 군을 도와줄 수 있다고 하자, 어머

니는 진심으로 고맙다고 말하며 가정에서도 적극적으로 협력할 것
을 약속했다.

김 군의 학습부진에 가장 큰 원인은 수업내용을 이해하고 기
억하는 능력이 부족하다는 점이었다. 이를 개선하기 위해 김 군과
상의한 뒤, 시연방법 습득을 목표로 정했다. 시연 훈련을 하기에 적
당한 사회 과목을 선택해서 수업시간에 노트 필기를 하고, 방과 후
에 교사가 질문을 통해 암기한 것을 확인하도록 했다. 그리고 행동
수정을 위한 목표행동은 '사회 노트에 필기한 내용을 매 시간 암기
한다'로 정했다.

매일 체크리스트로 목표행동 달성 여부를 확인했더니 처음에
는 수업내용을 노트에 제대로 필기하지 못해, 참고서 내용을 그대
로 베껴 오는 경우가 많았다. 그래도 노력하는 모습이 기특해 보여,
정리한 내용을 질문했더니 전혀 이해하지 못한 상태였다. 결국 김
군에게는 수업내용 정리방법을 가르쳐서 스스로 필기할 수 있도록
지도해야 하고, 필기한 내용에 대해 암기하는 훈련이 필요하다는
것을 확인할 수 있었다.

행동수정을 위한 목표행동 강화를 위해 매일 사회시간이 끝난
다음 그날 배운 내용을 노트에 정리해서 교사에게 검사받았고, 그

내용을 암기해서 교사의 5개 질문에 대답했다. 노트 필기 수준과 암기시간은 강화 기간에 따라 조절했다. 강화기간은 1~2차, 3~4차, 5~6차, 7~8차로 구분했고, 중간평가 및 결과처치, 추후지도기간을 포함해 총 9주로 계획했다.

　행동수정프로그램을 통해 김 군에게는 많은 변화가 있었다. 공부에 흥미가 생겼고, 복습질문에 곧잘 대답하게 되었으며, 노트 필기도 잘하게 되었고, 수업을 듣는 태도도 좋아졌으며, 주의 집중력도 향상되었다. 학교에서뿐만 아니라 집에서도 공부를 하게 되자 단원평가 점수가 많이 올랐고, 칭찬을 자주 받게 되었으며, 친구들에게 인정도 받으면서 학습부진에서 벗어난 모습을 보여주었다. 앞으로도 긍정적인 변화가 지속될 거라 기대된다.

Part 5

학습부진아를 위한
학습동기부여 프로그램
사례

01

칭찬은 고래도 춤추게 한다

몇 년 전, 지방의 한 중학교에서 학습부진아들(전교 꼴지그룹)을 대상으로 특별워크숍을 한 적이 있었다. 학습관리의 중요성을 설명하고 카드플래너 실습을 하면서 친절하게 방법을 알려주고, 각자 한번 일간 학습계획을 세워보라고 했다. 다 한 학생은 확인을 받으라고 했는데, 대부분의 학생이 잘했다.

그중 1명이 평가를 위한 빈칸을 빼먹었기에, 해당 부분을 보충하라고 피드백을 해주었다. 얼마 뒤 그 학생이 다시 확인을 해달라고 해서 봤더니 알려준 대로 잘했다. 그래서 한마디를 해주었다.

"잘했네, 앞으로 이런 식으로 하면 된다."

그 학생이 자기 자리로 돌아가면서 혼잣말처럼 중얼거린 말이 지금도 귓가를 맴돈다.

"와, 선생님이 나한테 칭찬했어."

사실 큰 칭찬도 아닌 말인데, 이 학생은 반에서 꼴찌였기 때문에 지금까지 칭찬을 받아본 적이 거의 없을 터였고, 그래서 그 말이 큰 칭찬으로 들렸던 것이다. 아마도 그 학생은 카드플래너에 자신감을 가지고 재미있게 활용하면서 열심히 공부하게 되었을 거라고 믿는다.

지난 10년 동안 강원도부터 제주도까지 전국의 초·중·고교에서 특강과 워크숍, 캠프를 진행하며 학습부진아들을 많이 만났다. 처음 만날 때는 초점 없는 무표정한 얼굴로 어깨를 축 늘어뜨리고 앉아 힘없이 자리만 지키고 있다. 마치 소금에 절인 배추처럼 전혀 생기가 없었다.

하지만 학습동기부여를 위한 재미있는 이야기와 동영상, 게임 등을 접하면서 조금씩 생기가 살아나기 시작하고, 표정이 밝아지면서 수업에 적극적으로 참여하는 모습을 많이 봤다. 여기에는 무슨 특별한 비결이 있는 것도 아니다. 그저 선입관이나 편견 없이 아이들을 바라보면서 아이들이 좋아할 만한 내용으로 교육을 했을 뿐이다.

지금부터 부정적인 생각으로 똘똘 뭉친 학습부진아들을 긍정적인 생각과 자신감이 넘치는 아이들로 변화시킬 수 있는 특별한 프로그램 속으로 함께 들어가 보자.

1회 차 Fun학습법: 퀴즈로 배우는 공부의 원리

첫 시간에는 아이들과 라포 형성을 잘하기 위해 재미있는 게임과 퀴즈 등으로 분위기를 띄우는 것이 좋다. 특히 공부에 대한 '안 좋은 추억'으로 가득 차 있는 학습부진 아이들에게는 공부와 관련한 캠프라는 생각이 들지 않도록 '난센스퀴즈'로 시작하는 것이 효과적이다.

Q. 세상에서 리더십이 가장 뛰어난 말은 뭘까?
A. 카리스마.

Q. 쥐가 4마리 모이면?

A. 쥐포.

Q. 곰돌이 푸가 가장 싫어하는 동물은?

A. 아기 염소, 여럿이 푸를 뜯고 놀아서.

Q. 세상에서 가장 빠른 닭 이름은 뭘까?

A. 후다닥.

Q. 고릴라의 콧구멍이 큰 이유는 뭘까?

A. 손가락이 굵어서.

Q. 지렁이도 밟으면 꿈틀대는 이유가 뭘까?

A. 제대로 안 밟아서.

이런 퀴즈를 풀다 보면 마음의 문을 닫고 있던 학습부진 아이들도 슬슬 빗장이 풀리게 마련이다. 그리고 1명, 2명 손들고 대답하는 아이들이 생긴다. 평소 난센스퀴즈를 많이 알고 있던 아이는 자기가 문제를 내겠다면서 적극적인 모습을 보이는 경우도 있다.

이렇게 아이들의 마음을 열고 난 후에는 난센스퀴즈 형식으로 공부에 대해 알아보는 '우등생퀴즈'를 진행한다. 우등생퀴즈는 공부와 관련된 단어를 맞추는 퀴즈로, 왜 그 단어가 공부를 잘하는 것과 관련이 있는지 이유까지 함께 살펴보는 것이다.

1번째 퀴즈이다.

"우등생들은 웃을 때 어떤 웃음소리를 낼까?"

보통 '우수수수' '크크크' '킥킥킥' '껄껄껄' 등을 많이 얘기한다. 만약 아이들이 생각하기를 어려워하면 지체 없이 힌트를 주는 것이 좋다. '하하하' '호호호' '후후후'처럼 'ㅎ'이 들어가고, 귀신의 웃음소리와 비슷하다.

정답은 '흐흐흐'가 아니라 '히히히'이다. 그럼 왜 그렇게 웃을까? '히' 자로 끝나는 단어 중에서 공부를 잘하는 것과 관련이 있는 단어를 3개만 말해보자고 한다. 그러면 아이들의 입에서 '열심히' '부지런히' '정확히' '꼼꼼히' '성실히' 등이 쏟아진다.

이렇게 공부해야 공부를 잘할 수 있기 때문에 우등생들은 '히히히'라고 웃는다고 말하면, 아이들은 머리를 끄덕이면서 공감한다. 이어서 우리 모두 우등생이 되기 위해서 제대로 한번 웃어보겠다고 말하고는 '히히히' 하고 웃는 것이다. 이렇게 웃기만 해도 우등생이 될 수 있다고 하면 아이들의 얼굴에서 미소가 번지게 된다.

2번째 퀴즈이다.

"우등생들이 가장 소중하게 생각하는 시간은 뭘까?"

보통 '공부시간' '수업시간' '자는 시간' '밥 먹는 시간' '자투리 시간' 등을 많이 얘기한다. 이때 '시' 자로 끝나는 단어 중에서 '곧' '금방'이라는 뜻을 가진 한자어라고 힌트를 준다. 부모님이나 선생님이 뭔가를 배우고 난 후에 '○시 공부 좀 하라'는 말을 많이 한다는 힌트까지 주면 '즉시'라는 정답이 나온다.

이어서 '즉시' 공부하면 뭐가 좋을지에 대해 생각해본다. 배운 내용을 잘 기억할 수 있고, 미루지 않으니 엄마나 선생님에게 잔소리 들을 일도 없으며, 우리 뇌가 가장 좋아하는 시간을 활용한다는 장점이 있다는 설명을 해주면 '즉시'라는 단어가 새롭게 다가올 것이다.

3번째 퀴즈이다.

"우등생들이 가장 무서워하는 벌레는 뭘까?"

보통 '공부벌레' '책벌레' '잠벌레' 등을 많이 얘기한다. 농촌이나 산촌, 어촌 등 시골학교의 아이들은 '모기' '파리' '벌' '나비' '잠자리' '무당벌레' '장수풍뎅이' 등 주변에서 볼 수 있는 곤충의 이름을 신나게 말하기도 한다. 아이들의 얘기를 충분히 듣고 난 후에 힌트를 준다. 벌레를 한자로 하면 '충'이 된다. 정답은 2글자이며 한자어 '○충'인데, 이렇게 공부하면 안 된다.

여기까지 힌트가 나오면 '대충'이라는 말이 나온다. 이어서 공부를 잘하려면 대충하면 안 되고 '히히히' 해야 한다고 말하면 된다.

4번째 퀴즈이다.

"우등생이 되기 위해 통과해야 하는 2가지 문은 뭘까?"

보통 '정문' '후문' '작문' 등을 많이 얘기한다. 이때 선생님이 '수업시간에 이 ○문 좀 많이 하라고 하는데?'라며 힌트를 준다. 그럼 '질문'이라는 정답이 나온다. 그리고 질문을 하려면 이 '○문'이 있어야 한다는 힌트를 하나 더 준다. 그러면 '의문'이라는 정답도 나온다.

이어서 '질문을 하면 뭐가 좋을지'에 대해 생각해본다. 모르는 것을 알 수 있고, 기억에도 도움이 되며, 수업에 적극적으로 참여하는 자세가 되고, 선생님에게 칭찬도 받을 수 있다고 설명하면 왜 질문이 중요한지를 자연스럽게 알 수 있다.

5번째 퀴즈이다.

"우등생이 행복하기 위해 필요한 복은 뭘까?"

이 퀴즈는 바로 힌트를 주는 것이 좋다. 공부와 관련해 가장 중요한 단어이기도 하고, '복습'과 비슷하다고 하면 '반복'이라는 정답이 나온다. 우리는 배운 것을 시간이 지나면서 잊어버리기 때문에 반복이 중요하다고 강조하는 것이 좋다.

이어서 반복의 특성을 활용한 아주 쉽고 간단하지만 효과적인 학습법으로 '5분학습법'을 소개한다. 5분학습법이란 수업이 끝난 후 쉬는 시간 10분 중에 5분 동안, 이전 시간에 배운 내용 중에서 중요한 것 중심으로 복습하는 방법을 말한다. 별것 아닌 것 같지만 지금부터 5분학습법 하나만 습관으로 만들어도 공부를 잘할 수 있다고 말하면 관심을 보이는 아이들이 많다.

우등생퀴즈 5개를 모두 풀고 난 후에는 다시 한 번 복습을 하면서 정리한다.

Q. 웃을 때는 어떻게?

A. 히히히.

Q. 가장 중요한 시간은?

A. 즉시.

Q. 무서워하는 벌레는?

A. 대충.

Q. 2가지 문은?

A. 질문과 의문.

Q. 우등생이 행복하려면?

A. 반복.

평소 수업시간에 배운 내용을 물어보면 꿀 먹은 벙어리처럼 한마디도 못 하던 아이들이지만, 신기하게도 우등생퀴즈만큼은 거의 대부분 신나게 대답을 한다. 그런 모습을 흐뭇하게 지켜보면서 '이렇게 퀴즈 형식으로 풀어봤지만 여기에 나온 5가지 단어만 명심하면서 공부하면 여러분 모두 공부를 잘할 수 있다'라고 칭찬해주면 아이들의 얼굴에서 웃음꽃이 활짝 핀다.

난센스퀴즈의 위력을 실감했다면 수업 때마다 몇 개의 퀴즈로 분위기를 띄우는 것도 좋다. 학교 앞 문구점에서 아이들이 즐겨 보는 〈유머집〉을 사거나, 인터넷에서 관련 정보를 찾아봐도 좋다. 수업 중에도 우등생퀴즈와 비슷한 양식으로 수업내용을 재미있는 퀴즈로 만들어보면 더욱 좋다. 교사 혼자 고민하면서 만들기보다는 아이들이 머리를 맞대고 만들어보라고 시켜도 좋다. 이렇게 만든 퀴즈문제를 모아두었다가 1달에 1번 정도 '퀴즈대회'를 여는 것이다. 그러면 아이들은 더욱 재미있게 수업에 참여하게 된다.

햇살코칭은 햇살처럼 긍정적인 에너지가 아이들에게 꾸준히 전해져서 아이들의 얼굴을 햇살처럼 밝게 만드는 일이다. 어떻게 하면 아이들이 좀 더 재미있고 즐겁게 수업에 참여하면서 공부할 수 있을지를 고민하는 것이 바로 햇살코칭의 시작이다.

2회 차 꿈을 찾아 떠나는 여행: 성공의 불문율 5가지 방법

1회 차 수업에서 공부와 관련된 재미있는 요소가 있다는 것을 알게 된 아이들은 2회 차 수업부터는 뭔가 기대를 하게 된다. 이때 자연스럽게 학습동기유발에 가장 큰 영향을 미치는 요소인 '꿈과 목표'에 대해 소개하는 것이 좋다. 꿈에 대해 얘기할 때도 딱딱한 이론보다는 성공한 사람들의 이야기를 스토리텔링방식으로 들려주면 아이들이 귀를 기울이면서 좋아한다.

자동차가 움직이려면 연료가 필요하듯이 공부를 잘하려면 에너지가 필요하다. 공부 연료 중에서 가장 효과가 좋은 것은 바로

‘꿈’이다. 꿈을 이룬 사람들을 성공했다고 말하는데, 그 사람들이 공통적으로 활용하는 방법이 바로 ‘성공의 불문율’이다. 꿈을 이루는 법칙은 ‘생각한 대로 일어나고 쓴 대로 이루어진다. 원하는 꿈이 있으면 글로 쓰거나 그림으로 그려서 잘 보이는 곳에 붙여두고 자주 봐라. 그러면 꿈이 현실이 될 것이다’로 정리할 수 있다. 보통 꿈을 가지라고 하지만 꿈을 현실로 만들려면 적극적으로 ‘표현’하는 것이 중요하다. 그래서 성공의 불문율은 ‘RED(Realization=Expressive Dream, 꿈을 표현하면 현실이 된다)’라는 공식으로 바꿀 수도 있다.

꿈을 표현하는 방법에는 크게 5가지가 있다.

1. 글로 적기 – 꿈을 손으로 표현하기

자신의 꿈을 글로 적어서 성공한 대표적인 사람들은 다음과 같다.

미국의 초대 대통령 조지 워싱턴은 초등학생 때 ‘나는 아름다운 여자와 결혼할 것이고, 부자가 될 것이며, 미국의 대통령이 될 것이다’는 꿈을 메모지에 적어서 가지고 다녔으며, 결국 3가지 꿈을 모두 이루었다. 액션스타 이소룡은 무명 시절에 ‘나는 할리우드 최고의 동양인 출신 배우가 된다’는 꿈을 쪽지에 적어 가지고 다녔고,

결국 꿈을 이루었다. 음악그룹 비틀스는 무명 시절에 '우리의 노래를 전 세계의 사람들이 좋아한다'는 꿈을 노트에 틈틈이 적어서 꿈을 이루었다.

이렇게 '글로 적기'로 성공한 사람들의 이야기를 들려준 다음 '여러분 중에 노트 필기나 메모하는 것을 좋아하는 친구가 있다면 자신의 꿈을 글로 쓰길 바라, 그럼 현실이 될 거야'라고 말해준다.

2. 사진으로 보기 - 꿈을 이미지로 표현하기

자신의 꿈을 사진으로 찍거나 그림으로 그려서 성공한 대표적인 사람들은 다음과 같다.

골프황제 타이거 우즈는 10대 때 자신의 방 벽에 잭 니클로스와 빨간색 페라리 스포츠카 사진을 붙여두었다. 즉 '잭 니클로스처럼 골프황제가 되어서 스포츠카를 타겠다'는 꿈을 사진으로 표현한 것이었다. 그랬더니 그 꿈을 모두 이루게 되었다. 미국 항공우주국 나사에서는 사람을 달에 보내는 계획을 실행하면서 우주인들이 훈련하는 공간을 '달에 착륙한 합성사진'으로 도배했다. 그 결과 예정보다 일찍 달 착륙에 성공할 수 있었다. 미국의 백만장자 로키 아오키는 자신이 타고 싶은 스포츠카 사진을 수첩에 넣고 다녔는데,

얼마 후 새로 사귄 백만장자의 2세 여자친구가 차를 선물해서 꿈을 이루게 되었다.

한국 최초의 우주인 이소연도 초등학생 때 은하철도를 타고 우주를 여행하는 그림을 그려서 꿈을 이룰 수 있었다.

이렇게 '사진으로 보기'로 성공한 사람들의 이야기를 들려준 다음 '여러분 중에 사진 찍기나 그림 그리기를 좋아하는 친구는 자신의 꿈을 사진이나 그림으로 표현하길 바라, 그럼 현실이 될 거야'라고 말해준다.

3. 소리로 말하기 – 꿈을 입으로 표현하기

자신의 꿈을 자주 말해서 성공한 대표적인 사람들은 다음과 같다.

영화배우 짐 캐리는 무명 시절에 할리우드가 내려다보이는 언덕에서 '할리우드에 있는 모든 사람들이 나와 함께 일하고 싶어 하고, 나는 할리우드 최고의 영화배우가 된다'는 꿈을 매일 큰 소리로 외쳤다. 백만 달러의 출연료와 지급기한, 발행인과 수취인이 적힌 백지수표도 1장 만들어서 지갑에 넣고 다녔다. 얼마 후 그는 정말 백만 달러를 받고 영화 주인공으로 출연하게 되었는데, 그 영화가 바로 〈마스크〉이다.

우리에게 친숙한 유명한 CEO도 소리로 말하기 마니아이다. 소프트뱅크 손정의 사장은 초등학생 때부터 '나는 장래에 수십 개의 계열사를 두고 몇만 명의 직원과 함께 일하는 CEO가 될 거야'라고 말했고, 백화점 왕이라 불리는 존 워너메이커는 소년 시절부터 '나는 최고의 장사꾼이 될 거야'라는 말을 즐겨 했으며, 혼다자동차의 창업주 혼다 소이치로는 '우리는 언젠가 세계 최고의 자동차를 만드는 회사가 될 거야'라는 말을 했고, 소니의 공동창업자 모리타 아키오는 트랜지스터라디오를 만들던 시절부터 '우리는 몇십 년 후 세계 최고의 가전제품 제조사가 될 것이다'라고 말했다.

이렇게 '소리로 말하기'로 성공한 사람들의 이야기를 들려준 다음 '여러분 중에 수다 떨기를 좋아하고 말을 잘하는 친구가 있다면 자신의 꿈을 자주 말하길 바라, 그럼 현실이 될 거야'라고 말해준다.

4. 장소에 가보기 – 꿈을 몸으로 표현하기

자신이 꿈꾸는 장소에 미리 가서 꿈을 이룬 사람처럼 행동하는 방법으로 성공한 대표적인 사람들은 다음과 같다.

미국 캘리포니아 주지사 아널드 슈워제네거는 미스터 올림피아(세계 최고의 근육남) 출신이다. 사실 그는 고등학생 때 말라깽이라고 놀리는 친구들 때문에 운동을 시작했다. 열심히 운동해서 국내 대회에 출전한 아널드는 대회가 시작되기 전에 이상한 행동을 했다. 마치 자기가 챔피언이 된 것처럼 우승 포즈를 취하고 인터뷰를 하듯이 중얼거린 것이다. 대회 관계자들 모두가 이상하게 생각했지만 전혀 신경 쓰지 않고 자신이 준비한 대로 행동했다. 대회가 끝나고 우승자는 아널드였다. 세계대회에 출전해서도 같은 방법으로 우승을 차지하였다. 아널드의 진짜 꿈은 정치인이었다. 대학에서도 정치학을 전공했다. 정치인이 되려면 무엇보다 사람들의 인기가 중요하다. 그래서 그는 영화배우가 되었다. 여러 유명 영화에 출연한 덕분에 인기가 높아지자 주지사 선거에 출마하였고, 그는 당선되었다. 그의 최종 꿈은 미국의 대통령이나 국제적으로 유명한 정치인이다. 아마도 그는 오바마 대통령이 일하는 백악관 주변을 가끔씩 거닐면서 거기서 일하는 자신의 모습을 생생하게 그릴 것이다. 왜냐하면 그는 이런 방법으로 꿈을 하나씩 이루어왔기 때문이다.

영화감독 스티븐 스필버그도 무명 시절에 유니버셜스튜디오로 무작정 쳐들어가서 생활하다가 감독으로 데뷔하게 되었다. 작가

리처드 폴 에번스도 《뉴욕타임스》에서 열리는 사인회에 자비로 출판한 책을 들고 참여한 덕분에 베스트셀러 작가의 꿈을 이룰 수 있었다.

국회의원 홍정욱은 중학생 때 케네디의 모교를 방문한 후에 자신의 꿈을 이룰 수 있었고, 반기문 유엔사무총장은 고등학생 때 미국에 가서 케네디 대통령을 만난 후에 외교관의 꿈을 이룰 수 있었으며, 야구 선수 박찬호는 대학생 때 미국 LA다저스 구장을 방문한 계기로 메이저리거의 꿈을 이룰 수 있었다.

이렇게 '장소에 가보기'로 성공한 사람들의 이야기를 들려준 다음 '여러분 중에 몸으로 직접 부딪치는 것을 좋아하는 친구가 있다면 자신이 꿈꾸는 장소에 가 보길 바라, 그럼 현실이 될 거야'라고 말해준다.

5. 동영상 보기 – 꿈을 영상으로 표현하기

자신의 꿈과 관련된 영상을 자주 보는 방법으로 성공한 대표적인 사람들은 다음과 같다.

양궁 국가대표 선수단은 올림픽이나 아시안게임, 세계선수권처럼 큰 대회를 앞두고 합숙 훈련을 하면서 특별한 시간을 가진다.

매일 1시간 정도 시합 당일의 모습을 영화처럼 찍은 영상을 함께 보는 것이다. 아침 몇 시에 일어나서 어떤 음식으로 식사하고 어떻게 몸을 푼 다음 시합장에 도착하고, 어떤 팀과 어떻게 겨뤄서 몇 점을 기록하고 우승한 후에 단상에서 애국가를 들으면서 태극기를 휘날린다는 이야기이다. 이런 영상을 자주 봤을 뿐인데 대회만 나가면 우승을 한다.

세계 최고의 골프스타들도 중요한 퍼팅을 앞두고 자신이 준비한 캠코더 영상을 본다. 거기에는 자신이 최고로 잘 쳤던 퍼팅 장면이 담겨 있는데, 그 영상을 보면 볼을 홀컵에 잘 넣을 수 있다고 한다. 훌륭한 선수들이 중요한 순간에 쓸데없을 것 같은 영상을 보는 이유는 우승하는 데에 도움이 되기 때문이다.

영화감독 박찬욱은 어릴 때부터 텔레비전 주말의 명화나 명화극장 같은 프로그램을 자주 본 덕분에 대한민국 대표 감독의 꿈을 이뤘다.

이렇게 '동영상 보기'로 성공한 사람들의 이야기를 들려준 다음에 '여러분 중에 텔레비전이나 영화 보기를 좋아하는 친구가 있다면 자신의 꿈과 관련된 영상을 자주 보길 바라, 그럼 현실이 될 거야'라고 말해준다.

아이들은 텔레비전이나 신문, 책에서 보는 유명한 사람들의 이야기보다는 부모님이나 선생님, 친척 등 가까이에서 만날 수 있는 사람의 성공 스토리에 더욱 큰 관심을 보인다. 따라서 선생님이 성공의 불문율을 어떻게 활용해서 어떤 성과를 거두었는지 구체적인 사례를 소개한다면 더욱 큰 효과가 있다.

수첩에 꿈을 적었더니 이루어졌다거나, 꿈 목록을 만들었더니 그중에 몇 개가 이루어졌다거나, 가지고 싶은 물건을 주변 사람들에게 얘기했더니 생일 선물로 받은 이야기 등을 찾아보면 크든 작든 나름의 꿈을 이룬 이야기가 있을 것이다. 자신이 직접 경험한 생생한 이야기를 그대로 들려주기만 하면 된다. 만약 아이들이 그 이야기에 감동을 받았다면 사인을 해달라고 줄을 설 수도 있다(실제로 그런 일이 몇 번 있었다).

성공의 불문율 사례는 텔레비전이나 신문의 인터뷰코너에서 유명인이나 성공인, 연예인의 이야기를 통해 지속적으로 찾을 수 있다. 특히 요즘 아이들은 가수나 탤런트, 스포츠스타 등에 관심이 많으므로 아이들이 알 만한 사람이 꿈을 표현하는 방법으로 어떻게 성공할 수 있었는지를 알려주면 조금씩 믿음이 생길 것이다.

햇살코칭은 1번의 강력한 햇살로 아이들이 바뀌기를 기대하기보다는, 작지만 꾸준한 햇살로 아이들의 변화를 기다리는 일이다. 어떻게 하면 아이들이 꿈을 이룬 사람들의 이야기를 통해 스스로 꿈을 향해 나아갈 수 있을지를 고민한다면 자연스럽게 햇살코칭을 실천하게 될 것이다.

3회 차 동기부여워크숍:
활동시트 작성하기

요즘 아이들은 어릴 때부터 게임과 영상, 스마트폰을 접하면서 크기 때문에 동영상에 민감한 반응을 보인다. 수업 중에 주제와 관련한 영상을 많이 보여주면 교육 효과를 높이는 데에 도움이 된다.

그동안 보여줬던 동영상 중에 아이들이 여러 번 다시 보고 싶다고 했던 베스트 영상을 꼽아보면 〈감자도리〉 주제곡, 〈링컨 플래시〉 〈지붕 뚫고 하이킥〉 동영상 등이 있다. 처음부터 반응이 좋으리라 기대했던 것은 아니지만, 보여주고 나서 뜨거운 반응을 보였던 동영상에는 몇 가지 공통점이 있었다.

바로 게임영상 세대가 좋아할 만한 에듀테인먼트(Edutainment) 요소가 있다는 것이다. 에듀테인먼트란 교육(EDUcation)과 오락 (enterTAINMENT)의 합성어이다. ‘교육과 재미를 동시에 추구하면서’ ‘게임을 하듯이 즐기면서’ 학습하도록 돕는 교육 형태를 말한다. 에듀테인먼트는 학습과정에서 게임의 도전성, 몰입성, 모험성 등 오락성을 중요하게 여긴다. 이러한 오락성이 포함된 교수학습용 콘텐츠를 에듀테인먼트 콘텐츠라고 한다.

에듀테인먼트는 학습동기를 강화하고 학습효과를 높이는 전략으로 최근에 인기를 얻고 있는데, 특히 학습부진아들에게 효과가 좋다. 요즘 아이들을 ‘게임세대’ ‘영상세대’라고 하는 만큼 그들의 입맛과 취향에 맞는 교육 콘텐츠를 개발하는 것이 교육 효과를 높이는 데에 중요한 요소이다. 다만 오락의 특성상 일시적이고 부작용이 있다는 점을 유의해야 한다.

에듀테인먼트를 교육에 적용하기 위해서는 알아야 할 것이 몇 가지 있다. 초등학생 아이들은 배설물 이야기, 괴물과 귀신, 공룡 이야기, 의성어와 의태어, 비논리적인 이야기, 상상력이 발휘된 이야기, 엽기적인 것, 반복되는 것에 재미를 느낀다. 중학생 아이들은 스토리텔링 형식의 게임식 교육에 흥미를 느끼므로 교육 내용에 게임의 요소인 드라마, 돌발 상황, 간접 체험, 목표 달성, 재시도 가능성, 실패의 일상화, 난이도 선택권, 배틀 등을 포함시키는 것이 좋다.

1~2회 차 수업을 통해 학습동기가 어느 정도 생겼다면 자아존중감을 높이고, 긍정적인 자아 이미지를 심어주기 위한 몇 가지 시트를 작성하는 시간을 가진다.

1. '나의 모습' 활동시트를 작성한다

내가 좋아하는 것과 싫어하는 것, 자신 있는 일과 자신 없는 일, 나의 장점과 단점, 내가 좋아하는 과목과 싫어하는 과목 등의 항목이 있다.

슬라이드로 다른 학생이 작성한 예시를 보여주고 빈 양식을 나눠준 후에 작성하도록 시키면 된다.

2. '내가 공부하는 이유' 활동시트를 작성한다

내가 닮고 싶은 사람, 공부를 하면서 내가 잘했다고 생각하는 일, 나의 공부 훼방꾼, 공부하기 싫은 이유, 공부를 계속 잘하기 위한 방법, 내가 공부하는 이유 등의 항목이 있다.

슬라이드로 예시를 보여주고 빈 양식을 채우도록 한다.

3. '나의 꿈 목록' 활동시트를 작성한다

시트를 작성하기 전에 꿈에 대한 생각을 넓게 확장하는 것이 좋다. 꿈이란 크고 대단한 것이 아니라 자신이 원하는 것은 크든 작든 모두 꿈이 될 수 있다고 말해준다. 그리고 꿈에는 되고 싶은 것, 하고 싶은 것, 가지고 싶은 것, 먹고 싶은 것, 가보고 싶은 곳 등이 포함된다고 알려준다.

꿈 목록의 대표적인 성공 사례인 존 고더드나 김수영의 사례를 소개하고 빈 양식을 나눠 준 후에 작성하도록 한다.

4. '미래의 피라미드' 활동시트를 작성한다

꿈의 목록 중에서 베스트 5 고르기, 장기목표와 중기·단기목표, 목표를 이루기 위한 구체적인 계획 등의 항목이 있다. 미래의 피라미드는 만들고 나서가 더욱 중요하므로 잘 보이는 곳에 붙여두고 자주 봐야 거기에 담긴 꿈, 목표, 계획이 이루어질 거라고 말해준다.

슬라이드로 예시를 보여주고 빈 양식을 채우도록 한다.

학습부진 아이들은 쓰는 것에 익숙하지 않기 때문에 시트 작성을 어렵게 느낄 수도 있다. 따라서 내용이나 분량에 부담을 갖지 않도록 주의하고, 나름대로 자유롭게 할 수 있을 만큼만 빈칸을 채우도록 하는 것이 좋다. 시트 작성을 한 후에는 옆에 있는 짝과 바꿔서 보거나, 조별로 돌려보거나, 앞으로 나와서 1명씩 발표하는 시간을 가진 것도 좋다. 위의 4가지 활동시트는 정답이 있는 것이 아니고, 아이들마다 내용이 다르기 때문에 발표를 통해 자존감을 높이는 효과도 있다.

햇살코칭은 이론이나 원리를 설명하면서 머리를 변화시키기보다는 참여나 실습을 통해 몸을 변화시키는 일이다. 어떻게 하면 아이들이 배운 내용을 직접 실천하면서 현실에 적용할 수 있을지를 고민한다면 머리에만 있던 햇살의 에너지를 아이의 온몸으로 퍼져 나가게 만들 수 있다. 아이를 스스로 빛나게 만드는 일이 바로 햇살코칭이다.

4회 차 학습관리워크숍:
카드플래너 활용

3회 차 정도 수업을 하게 되면 아이들의 변화된 모습을 쉬는 시간을 통해 엿볼 수 있다. 프로그램을 처음 시작할 때는 쉬는 시간에도 조용히 자리에 앉아 있거나 천진난만하게 뛰어다니며 장난을 치는 아이들이 대부분이었다. 그런데 선생님에게 다가와 주변을 서성이면서 소심하게 관심을 표현하거나 노트북에 관심을 보이면서 이것저것 대담하게 물어보는 아이가 하나둘 생긴다. 어떤 아이는 평소에 감춰뒀던 자신의 예체능 장기를 발휘하기도 한다.

이런 모습을 지켜보면서 아이들의 자아존중감이 높아졌다는 것을 눈으로 확인할 수 있다. 사람은 자신이 소중한 존재라는 것을 확인해야 사람들 앞에서 당당하게 스스로를 드러낼 수 있는 것이다. 프로그램을 진행하면서 아이들의 몸과 마음을 짓누르고 있는 학습부진이라는 갑옷을 벗겨내는 것을 목표로 삼는다면 그것만으로도 의미가 있을 거라 믿는다.

학습관리의 기본은 시간관리이다. 시간관리를 효과적으로 하기 위해 사용하는 학습도구가 바로 '플래너'이다. 플래너를 쓰기만 한다고 시간관리가 잘되는 것이 아니라, 원리를 알고 효과적인 방법을 활용해야 좋은 결과를 얻을 수 있다.

우선 스케줄링과 플래닝의 차이부터 알아야 한다. 동그라미 형태의 시간계획표를 이용하는 스케줄링은 시간의 순서에 따라 해야 할 일을 배치하는 것이다. 학습플래너를 이용하는 플래닝은 해야 할 일을 어떤 시간에 배치할지 정하는 것이다. 계획표는 하루 동안에 생기는 여러 가지 변수로 인해 지키기가 힘들기 때문에 플래너를 쓰는 것이 계획을 실천하는 데에 도움이 된다.

플래너는 계획과 평가가 핵심이다. 그러나 시중에 있는 플래너는 복잡한 양식으로 구성되어 있는 경우가 많다. 그러다 보니 '기록'

자체에 중점을 두고 1~2시간씩 플래너를 쓰는 경우도 늘어난다. 시간을 아껴서 자기주도학습시간을 더 늘리기 위해 플래너를 작성하려는 것인데, 1시간 이상 기록하는 데에 소비한다면 차라리 공부를 더 하는 편이 낫다. 플래너를 사용하는 시간은 하루 3분 정도면 충분하다. 매일 계획을 세우는 데에는 2분, 평가하는 데에는 1분이면 된다.

플래너는 자기주도학습을 위해 가장 기본이 되면서도 중요한 학습도구라고 할 수 있다. 왜냐하면 플래너를 쓰는 것만으로도 자기주도학습의 핵심요소인 '계획' '실행' '평가'를 실천할 수 있기 때문이다. 하지만 보통 아이들도 플래너 사용을 어려워하는 경우가 많기 때문에, 학습부진 아이들에게 플래너 활용은 더더욱 넘기 힘든 벽처럼 느껴지기 십상이다.

쓰거나 메모하는 것을 싫어하는 학습부진아들에게는 아무리 좋은 플래너도 무용지물이나 다름없다. 따라서 부담 없이 사용할 수 있는 카드 형태의 간단한 도구로 플래닝의 원리를 습득하는 것이 우선이다. 간단한 카드나 메모지에 1~2개 정도의 하루 계획을 세우는 것만으로도 시작할 수 있다. 계획을 세운다는 사실 자체가 중요하다. 왜냐하면 계획을 세우지 않는 것은 실패를 계획하는 것과 마찬가지기 때문이다.

지금부터 '카드플래너 활용법'의 구체적인 지도방법을 함께 알
아보자. 플래너에 대한 관심을 키우고, 동기부여를 하기 위해 플래
너를 활용해서 성공한 사람의 이야기를 들려주는 것이 좋다.

학습부진 아이들도 공감할 만한 대표적인 사례가 바로《부안
고 백승훈의 꼴찌에서 일등까지》를 쓴 백승훈이다. 백승훈은 중학
교 때까지 축구 선수였다. 그런데 갑자기 심장에 이상이 생겨서 인
문계 고등학교로 진학하게 되었다. 운동만 하느라 학년은 고1이었
지만 실력은 초등학생 정도였다. 학습결손으로 인한 학습부진으로
전교 꼴찌의 성적이었던 것이다. 하지만 그때부터 열심히 공부하겠
다고 마음먹고, 어떻게 하면 공부를 잘하게 될지 고민했다. 그러다
가 '마법의 학습일기(메모지에 학습계획을 세우는 방식)'를 쓰게 되었고,
1년 만에 전교 1등을 하며 원하는 대학에 들어가게 되었다. 백승훈
은 자신의 성공비결에 대해 이렇게 말한다.

저는 고등학교 2학년 겨울방학부터 학습일기를 쓰기 시
작해 지금도 매일같이 학습일기를 씁니다. 마법의 학습일기

백승훈이 '마법의 학습일기'라고 불렀던 카드플래너 활용법은 다음과 같다.

1. 문구점에서 파는 링을 끼울 수 있는 형태의 카드(가로 10센티미터, 세로 7센티미터) 1장을 꺼내서 맨 위에 날짜와 요일을 적는다. 카드가 없으면 A4용지 1장을 3번 접어서 8장의 메모지를 만들어 활용해도 좋다.

2. 날짜 밑에 1줄에 하나씩 학습계획을 적으면서 '일간 학습계획'을 세운다. 우선 시간을 적고, 학습내용을 적은 후에 평가란을 만든다. 예를 들어 '○~○시, 영어 ○~○쪽(   )'와 같은 식이다.

   학습계획에는 매일 일정하게 반복되는 학교 수업시간, 학원과 과외, 인터넷 강의 등은 뺀다. 그리고 숙제를 포함하여 순수하게 배운 내용을 복습하는 시간만 포함시킨다.

   학습계획 내용은 과목, 단원, 세부 내용 등 구체적으로 적는 것이 좋으며, 처음에는 하루 3개 정도가 적당하다. 전날 저녁이나 당일 아침수업이 시작되기 전까지 계획을 세우면 된다고 알려준다.

3. 하루 동안 학습계획대로 실천을 한 후에 평가를 한다. 평가는 그날 저녁 잠들기 전에 '(   )'에 기호로 표시하면 되는데, 잘했으면 'O', 보통이면 '△', 못했으면 'X'로 표시한다.

카드플래너 쓰기가 익숙해지면 여백이나 뒷면을 이용해서 학습일기를 쓴다. 학습일기는 공부한 것을 중심으로 기억나는 내용과 느낀 점을 일기처럼 자유롭게 쓰는 것이다. 학습내용 중심으로 쓰면 복습의 효과가 있고, 느낌을 주로 쓰면 반성이 된다.

학습일기를 꾸준히 쓰면 학습계획 점검과 평가가 가능하고, 학습성취도를 파악할 수 있으며, 개인적인 문제점도 알 수 있다.

4. 카드플래너를 활용한 '일간 학습계획 세우기'가 익숙해지면 '주간 학습계획 세우기' '월간 학습계획 세우기' '학기 학습계획 세우기' '연간 학습계획 세우기' 등으로 응용한다. 단계별로 빠르면 3일, 보통 일주일, 늦으면 1달 정도 시간이 걸린다고 예상하면 된다.

학습계획 세우기가 얼마나 잘되는지를 보고, 자연스럽게 카드 뒷면에 주간 학습일기, 월간 학습일기, 학기 학습일기, 연간 학습일기를 쓰도록 지도하면 된다.

카드플래너는 양식이 너무나 쉽고 간단하기 때문에 학습부진 아이들도 그리 어려워하지 않았다. 하지만 쓰기에 대한 부담이 커서 혼자 플래너 쓰기를 어려워하는 아이는 옆에서 도와주어야 한다. 처음에는 아이와 상의하면서 교사가 대신 전부 써준다. 그러다가 교사가 몇 줄 쓰고 1줄 정도는 아이에게 써보라고 권유한다. 그렇게 1줄을 쓸 수 있으면 다음에는 2줄, 3줄 등 조금씩 양을 늘려나가면 된다.

매일 쓴 카드플래너는 버리지 말고 모두 상자에 모아둔다. 그리고 3개월 정도 지났을 때 상자를 열어서 100장 정도의 카드를 확인해보자. 아이가 6개월에서 1년 정도 카드플래너를 쓸 수 있다면 상자 개봉 시기를 최대한 늦추는 것이 좋다. 상자를 열었을 때 200장에서 400장 정도의 카드가 가득 담겨 있다면 보다 극적인 효과를 거둘 수 있다.

학습부진 아이들에게 가장 필요한 일은 자신의 성장과 발전을 눈으로 확인하는 일이다. 매일 카드플래너를 쓰는 일은 물 1방울과 같다. 물방울 하나가 모이고 모여서 큰 강을 이루듯이, 매일 쓴 카드플래너가 모이고 모여서 보물상자를 만드는 것이다. 이렇게 모아둔 카드플래너는 학습기록으로 가치가 있고, 나중에 고등학교나 대학교 입학시험에서도 자기주도학습의 실천에 대한 평가 자료로 아주 귀하게 활용될 수 있다.

카드플래너로 플래너의 원리와 활용법을 깨닫게 되면 학습도구 선택을 자유롭게 할 수 있다. 카드플래너를 계속 활용해도 되고, 학교에서 제작한 플래너를 써도 되며, 문구점이나 서점에서 다양한 양식의 플래너 중에서 마음에 드는 것을 골라서 써도 된다. 그리고 스마트폰의 다이어리 기능을 사용해도 된다. '계획과 평가'라는 핵심만 알면 어떤 플래너를 쓰든 플래닝을 잘하게 되는 것이다.

햇살코칭은 아이와 멀리 떨어져서 햇살만 비추는 것이 아니라 아이와 가까이에서 호흡하며 햇살이 스며들게 하는 일이다. 어떻게 하면 아이들이 성장과 발전을 눈으로 확인할 수 있을지, 햇살이 아이들에게 조금씩 더 스며들게 할 수 있을지를 고민한다면 함께 가는 길이 무척이나 즐거울 것이다. 홀로서기 힘들다면 업어주고, 움직일 수 있으면 부축해주고, 혼자 걸을 수 있으면 지켜봐 주는 일이 바로 햇살코칭이다.

06

5회 차 카드학습법워크숍:
암기카드 활용법

학습부진을 겪고 있다는 말은 '공부에 익숙하지 않다'는 뜻이고, 이를 다른 말로 표현하면 '학습도구에 서툴다'는 의미이다. 학습도구는 우리가 공부할 때 활용하는 도구를 말한다. 학습도구에는 모든 학생들이 공통적으로 활용하는 교과서, 참고서, 문제집, 노트, 프린트물과 같은 '일반적인 학습도구'와 플래너(시간관리용), 암기카드(암기용), 스톱워치(집중력 향상용) 등과 같은 '특별한 학습도구'가 있다.

공부를 쉽고 재미있게 하면서도 단기간에 가시적인 성과를 눈으로 확인할 수 있는 가장 좋은 방법은 '학습도구'를 활용하는 일이다. 특히 학습부진 아이들의 경우 어렵고 복잡하면서도 시간이 많이 걸리는 교과서나 참고서, 문제집 등의 일반적인 학습도구보다는 플래너나 암기카드, 스톱워치 등 간단하면서도 만만하게 도전해볼 수 있는 '특별한 학습도구'를 활용하는 것이 좋다.

학습도구 중에서 1순위 카드플래너에 이어서 추천하는 것이 바로 2순위 '암기카드'이다. 국·영·수·사·과 과목은 다르지만 어떤 과목이든 외워야 할 것이 있다. 뭔가 외워야 하는 내용을 암기카드에 적어서 외우는 공부방법이 '카드학습법'이다.

카드학습법은 원칙 하나만 알고 있으면 된다. 1장의 카드에는 1개의 외울 대상만 적고, 앞면에 외울 대상 뒷면에 뜻을 적는다는 것이다. 이런 원칙을 지켜야 하는 이유는 '구분과 반복'이라는 학습법의 원리를 따르기 위해서이다.

암기카드에 대한 관심을 키우고, 동기부여를 하기 위해 카드학습법으로 성공한 사람의 이야기를 들려주는 것이 좋다. 학습부진 아이들이 '괴물?'이라고 생각할 수도 있는 대표적인 사례가 바로 《월드클래스 공부법》을 쓴 박승아이다. 박승아는 국제수능 IB에서 만점을 받은 수재이다. 그녀는 미국 수능시험이라 할 수 있는 SAT 시험을 3일 전에 갑작스레 준비하면서 카드학습법에 승부를 걸었다. 서점에서 SAT 3,500 단어집 1권과 단어카드 3,500장을 사서 이틀 동안 3,500장의 단어카드를 손수 만들고 하루 동안 집중해서 외웠다. 그랬더니 SAT 1,600점 만점에 1,440점을 받을 수 있었다. 그러나 이는 박승아가 머리가 좋아서 탁월한 성과를 낸 것이 아니라 기억의 원리에 따라 효과적인 학습도구 활용법을 적용했을 뿐이다. 그 방법도 그리 어려운 것이 아니라 학습부진 아이들도 1시간 정도면 배울 수 있다.

자, 이제는 '3단계 카드학습법'의 구체적인 내용을 함께 알아보자.

1. 암기카드 만들기

1단계는 영어단어나 한자처럼 짧고 간단한 내용을 암기하기 위한 카드를 만드는 것이다.

공카드 3장과 필기구를 준비한 후에 자신이 알고 있는 영어단어나 한자로 3장의 암기카드를 만들어본다. 이때 다시 한 번 카드 만들 때의 원칙을 설명하면서 1장의 카드에는 1개의 단어나 한자만 적고 앞면에 외울 단어나 한자, 뒷면에 뜻을 적으라고 한다.

다 만들었으면 선생님에게 보여달라고 한다. 잘했으면 칭찬을 해주고 잘 못했으면 조언을 해준다.

2. 개념카드 만들기

2단계는 각 과목별로 개념이나 공식, 용어 등 조금 긴 내용을 암기하기 위한 카드를 만드는 것이다.

준비한 사회나 과학 실습용 교과서(참고서)를 펴서 암기해야 할 부분을 3개 정도 체크한다. 1단계와 마찬가지로 1장의 카드에는 1개의 개념이나 공식을 적고, 앞면에 개념이나 공식, 뒷면에 뜻을 적는 방식으로 3장의 카드를 만들어본다.

다 만들었으면 1분 동안 암기카드를 외운다. 다 외웠으면 2명이 1조가 되어서 가위바위보를 한다. 서로 카드를 바꾸고 이긴 사람이 진 사람에게 먼저 물어본다. 다 물어봤으면 진 사람이 이긴 사람에게 물어본다. 이렇게 서로 카드를 바꿔서 물어보는 방식을 파트너학습법이라고 한다.

3. 시험카드 만들기

3단계는 객관식 단답형 시험에 대비하기 위한 카드를 만드는 것이다.

시험카드에는 시험에 나올 만큼 중요한 내용을 적는 것이 중요하다. 기본적으로 '학습목표 + 주제와 관련된 것' '선생님이 수업 시간에 강조한 것' '기출문제' '책에서 강조된 것' '자신이 이해 + 암기 못한 것'의 5가지가 중요한 내용이다. 사회나 과학 실습용 교과서를 꺼내서 공부할 부분을 펴고 5가지 기준에 해당하는 내용을 3개씩 찾아서 밑줄을 그으며 체크한다. 다 체크했으면 기존의 카드 학습법의 원리에 따라 3장의 카드를 만들어본다. 이때 시험의 특성을 고려해서 단순히 1장의 카드에 1개의 외울 내용과 뜻을 앞뒤로 구분해서 적는 것보다는, 시험 출제위원인 선생님이 되었다고 생각하고 문제를 만들어보는 것이 좀 더 효과적이다. 객관식, 단답형 시험의 경우 문제와 답, 빈칸 채우기, 보기가 주어진 문제 등이 대표적인 출제 형식이다.

카드를 다 만들었으면 오른쪽으로 1사람씩 돌아가면서 다른 친구들이 카드를 어떻게 만들었는지 전체적으로 확인한다. 이런 과정을 통해 아이들은 어떤 부분이 중요한지, 그 부분을 어떻게 문제로 만들었는지, 좀 더 좋은 문제란 어떤 것인지 등을 자연스럽게 배울 수 있다.

카드학습법의 효과를 극대화하려면 '카드배틀' 게임을 하는 것도 좋다. 카드배틀은 주어진 카드를 누가 더 빠르고 정확하게 암기하는지 승자승 토너먼트방식으로 승부를 가리는 게임이다. 카드배틀에 참여할 선수를 선발할 때는 1순위 자천, 2순위 추천, 3순위 지명 순서로 기준을 정한다. 참여하고 싶은 아이가 많을 때는 선생님과 학생들이 단체 가위바위보를 해서 선생님을 이긴 아이만 남기는 방식으로 8명 정도의 선수를 가리면 된다. 만약 그룹으로 앉았다면 조별로 대표 1~2명을 정하고(8개 조면 1명씩, 4개 조면 2명씩), 조원들은 열심히 응원하면서 우승에 도전하면 된다.

대표로 선발된 선수들을 교실 앞으로 모은 후 토너먼트방식으로(8강부터 시작) 겨뤄서 승리한 사람이 준결승(4강), 결승(2강)에 진출한다. 심사 기준은 주어진 카드를 제한시간 안에 암기하고 많이 맞추어야 하며, 맞춘 카드 수가 같을 경우 가위바위보로 승패를 가린다.

카드배틀을 할 때 내용이 어려우면 아이들이 힘들어할 수도 있으므로 일반상식, 인터넷 유행어, 고사성어, 난센스퀴즈, 수수께 끼 등 아이들이 좋아할 만한 내용으로 외울 수 있는 카드를 여러 벌 준비한다. 아이들에게 난센스퀴즈카드나 개념카드를 몇 장씩 만들 라고 해서 모두 모은 후, 적절히 분량을 나누어서 게임에 활용한다.

학습부진 아이들의 암기 수준을 고려해서 보통 2~3분 동안 10 장의 카드를 암기하게끔 하면 된다. 게임을 진행할 때는 약간의 선 물을 준비하면 참여도를 높일 수 있고, 때로는 패자부활전도 가능 하며, 게임이 끝나면 순위에 따라 시상한다.

카드학습법은 매우 다양한 효과를 기대할 수 있다. 메모하는 습관과 복습하는 습관을 기를 수 있고, 자투리 시간을 활용하는 데 에도 좋다. 집중력과 암기력 향상에도 도움이 되고, 완벽한 시험준 비가 가능하다. 목표달성을 통한 성취감을 맛볼 수 있고, 공부를 게 임처럼 즐기게 된다. 에피소드 기억을 활용하는 데에 유리하고, 학 습법의 원리를 자연스럽게 체득할 수 있다. 한마디로 얘기하면 '좋 다!'고 할 수 있다.

햇살코칭은 어렵고 힘든 방식이 아니라 게임처럼 쉽고 재미있 는 방식으로 햇살을 비추는 일이다. 어떻게 하면 아이들이 게임을

즐기듯이 수업에 참여할 수 있을지를 고민한다면 배움의 기쁨을 만
끽하게 될 것이다. 각자의 햇살을 모아서 더 큰 햇살을 만드는 일이
바로 햇살코칭이다.

6회 차 과정을 마치는 나의 다짐:
수료식과 발표

학습부진 아이들은 의욕이 없고, 집중력도 떨어지며, 산만하기 때문에 프로그램을 진행하는 데에 여러 가지 어려운 점이 많다. 하지만 그랬던 아이들이 시간이 지나면서 생기가 넘치고 점점 더 집중하며 적극적으로 수업에 참여하는 모습을 보일 때면 흐뭇한 미소가 절로 나오곤 한다. 특히 마지막 시간에 '과정을 마치는 나의 다짐'을 발표할 때면 눈물 없이는 들을 수 없는 감동적인 이야기가 쏟아진다.

그동안 정말 많은 것을 배웠습니다. 공부 관련 프로그램은 처음이라 부담이 컸습니다. 하지만 1회 차를 마치고 나자 부담은 기대감으로 바뀌었습니다. 좋은 강의를 해주신 선생님께 감사드립니다. 이제야 적응해서 열심히 해보려고 하는데 프로그램이 끝나서 많이 아쉽습니다. 앞으로 여기서 배운 것을 잘 활용해서 공부를 즐겨보겠습니다.

프로그램에서 배운 내용 중에 가장 기억에 남는 것은 카드학습법과 5분학습법입니다. 이 2가지는 쉬우면서 효과도 좋아서 평생 죽을 때까지 활용할 수 있을 것 같습니다. 2가지 공부법 덕분에 나중에 좋은 대학을 다닐 수 있을 거란 기대도 해봅니다. 오늘부터 꿈을 향해 나아가고 싶습니다.

학년이 올라갈수록 공부의 필요성을 절감하게 되었습니다. 아버지가 평소에 누구나 공부를 잘할 수 있다고 말씀하셨지만 불가능하다는 생각이었습니다. 하지만 프로그램을 통해 학습도구 활용법을 실습하면서 나도 공부를 잘할 수 있다는 희망이 생겼습니다. 아직도 작심삼일에 대한 불안감은 있지만 잘해낼 수 있을 거란 자신감이 듭니다.

정말 보람찬 시간이었습니다. 구체적인 공부방법을 알게 되어서 자신감도 생기고 성적 향상도 기대됩니다. 영어 단어를 외울 때 카드에 적어서 소리를 내면서 암기했더니 잘 외워졌습니다. 암기를 싫어하던 내가 쉬는 시간에 암기카드를 외우고 있다니 신기하기만 합니다. 암기카드와 더욱 친해지고 싶습니다.

저는 공부를 잘하고 싶은 마음은 있지만 기초가 약하고 저만의 공부법이 없어서 고민이었습니다. 프로그램 내용 중에 성공의 불문율이 가장 기억에 남습니다. 평소에 제 꿈을 수첩에 적고, 그림으로 그리며, 가족과 친구들에게 자주 이야기하곤 했습니다. 그런데 그런 방법이 꿈을 현실로 만들어준다고 하니 무척이나 기쁩니다. 여기에 있는 모든 친구들이 꿈을 이루어서 나중에 다시 만나면 좋겠습니다.

프로그램에서 배운 것을 일찍 알았더라면 얼마나 좋았을

짧다면 짧고, 길다면 긴 시간 동안에 아이들은 참으로 많은 것이 변한다. 동기부여가 안 되었던 아이는 동기부여가 되고, 매사에 부정적이었던 아이는 긍정적으로 세상을 바라보게 되며, 자신감이 없었던 아이는 자신감이 생기게 되고, 꿈이 없던 아이는 꿈을 가지게 된다. 이런 변화는 아이들의 얼굴에서 확인할 수 있다. 어둡고 불편했던 표정이 밝고 환한 표정으로 바뀌는 것이다.

프로그램을 마치면서 아쉬움과 기대감이 교차해서 복잡한 심정이 된다. 좀 더 긴 시간 동안 아이들과 함께 하면서 더 큰 성장을 지켜보면 좋겠다는 생각과, 그동안은 선생님의 도움으로 잘해왔지만 앞으로는 스스로의 힘으로도 잘해낼 수 있을 거라는 생각이 교차한다. 이럴 때 마음을 다독이면서 아이들에게 들려주는 이야기가 하나 있다.

오늘이 몇 년 몇 월 며칠인가요? ○○년 ○월 ○일이지요? 지금으로부터 3년 전으로 돌아간다면 어떻게 공부하고 생활하겠습니까? 보기를 잘 듣고 하나를 선택하는 겁니다.

1번, 지금보다 더 열심히 한다.

2번, 지금만큼만 한다.

3번, 지금보다 덜 열심히 한다.

대부분 1번을 고르는군요. 그럼 질문을 바꿔서 3년 후로 가봅시다. 3년 후에 같은 질문을 받는다면 어떤 대답을 하겠습니까? 정답은 나와 있죠? 개인적으로는 3번을 많이 고르면 좋겠습니다. 3년 동안 너무 열심히 공부해서 덜하고 싶은 생각이 든다면 좋을 테지요.

현재 우리의 모습은 과거로부터 지금까지 어떻게 생활하고 공부했느냐의 결과입니다. 이 결과를 바꾸는 것은 불가능합니다. 하지만 지금 이 시간 이후부터 어떻게 하느냐에 따라 우리의 미래를 바꿀 수 있습니다.

신은 인간에게 자유의지를 주었다고 합니다. 이 말은 우리가 어떤 선택을 하느냐에 따라서 미래가 달라진다는 의미입니다. 캠프에서 배운 것을 잘 활용하면 앞으로 1달 후, 6개월 수료식을 마친 후에 단체사진을 찍는다. 나중에 아이들이 이 사진을 보게 되면 어떤 생각이 들까? 공부 때문에 고통받다가 공부 덕분에 행복해지는 순간이었다고 기억하면 얼마나 좋을까? 사진 속 행복한 아이들의 모습이 오랫동안 지속되길 바란다.

헤어지면서 '감사합니다' '고맙습니다'라는 말과 함께 깍듯이 인사를 할 때와 사인을 해달라고 수첩을 내밀 때는 그렇게 사랑스럽고 기특할 수가 없다. '고마워, 가서 열심히 해'라는 짧은 말을 건네는 것이 전부이지만, 서로 마주친 눈에서 미래의 밝은 모습을 볼 수 있다.

아이들의 손에 있는 수료증은 끝이 아니라 시작을 의미한다. 만남이 있으면 이별이 있고, 시작이 있으면 끝이 있다. 하지만 이별은 새로운 만남을, 끝은 새로운 시작을 알린다. 다음에는 또 어떤 학생들과 만날지 벌써부터 기대가 된다. 최고의 프로그램은 아직도 진행 중이다.

학습부진아를 위한
7가지 햇살코칭전략

'햇살코칭'이란 《이솝 이야기》의 〈해님과 바람〉 이야기에서 해님의 따뜻한 햇살이 나그네의 옷을 벗기듯이, 햇살과도 같은 무한 긍정 에너지가 학습부진아들을 변화시킬 수 있다는 뜻을 담고 있다. 어떤 교육이든 변화에 성공하려면 '마인드의 변화' '행동의 변화' '습관의 변화'라는 3가지 과정을 잘 거쳐야 한다. 그리고 변화를 효과적으로 이끌어내기 위해 '이성' '감성' '재미' '꿈'이라는 4가지 요소가 레시피처럼 들어가야 한다.

이 책을 처음부터 끝까지 읽었다면 변화를 위한 3가지 과정과 4가지 요소가 종합적으로 들어가 있다는 것을 알게 될 것이다. '학습부진아를 위한 햇살코칭'이라는 맛있는 코스 요리를 준비했는데 맛이 어땠는지 모르겠다. '꽤 맛있었다'는 감탄사가 절로 나오는 환상적인 맛이지 않았을까? 이제 커피 한잔의 여유로 디저트를 즐길 시간이다.

　햇살코칭은 학습장애와 학습부진을 극복한 사람들의 이야기를 들려주는 것으로 시작하는 것이 좋다. 시청각장애인에서 유명 작가이자 연설가가 된 헬렌 켈러, IQ 43의 저능아에서 명문대 최우등 졸업생이 된 라이언 카샤, 10살에 글을 깨친 우둔아에서 천재 시인으로 거듭난 백곡 김득신, 학습장애를 극복하고 세계 최고의 영화감독이 된 스티븐 스필버그, 난독증을 극복하고 세계적인 억만장자가 된 리처드 브랜슨, 발달장애를 극복하고 초콜릿회사 CEO가 된 루이스 바넷, ADHD를 극복하고 하버드대학원 교수가 된 토드 로즈. 이처럼 동서고금을 막론한 여러 성공 사례를 접하다 보면 자연스럽게 '나도 할 수 있다'는 긍정적인 생각과 자신감이 생길 것이다.

　우리가 변화에 성공하지 못하는 가장 큰 이유는 '행동(실천)'을 하지 않아서고, 행동하지 않는 중요한 이유는 '무지' 때문이다. 즉 우리는 아는 것만 실천할 수 있고, 실천을 해야만 변화에 성공할 수 있는 것이다. 따라서 햇살코칭을 통해 학습부진아의 변화를 이끌어내려면 우선 '학습부진이 무엇인지' '학습부진은 학습지체, 학습지진, 학습장애와 어떻게 다른지' '학습부진의 원인은 무엇인지' '인지유형과 성격유형이 학습부진에 어떤 영향을 주는지' '학습부진의 유형에는 어떤 것이 있는지' '학습부진이 어느 정도 수준인지' '학습부진을 극복하는 구체적인 방법은 무엇인지' '학습보조자로서의 부모의 역할과 학습코치로서의 교사의 역할은 무엇인지' '효과적인 교수학습전략은 무엇인지' 등 학습부진과 관련된 전반적인 내용을 알아야만 한다. 그리고 읽기와 쓰기, 수학, 시간관리, 주의 집중력 등 영역별 구체적인 학습부진 지도방법도 알아야 한다.

또한 학습부진아를 지도한 다양한 사례를 통해 내 아이나 내가 지도하는 아이에게 적합한 최적의 프로그램을 만들어야 한다. 이 책에서 소개한 '학습클리닉프로그램을 활용한 학습부진 지도 사례'와 '맞춤형스터디 솔루션프로그램을 활용한 학습부진 지도 사례'

'또래튜터링프로그램을 활용한 학습부진 지도 사례' '행동수정프로그램을 활용한 학습부진 지도 사례' '학습부진아를 위한 학습동기부여 프로그램 사례' 등이 많은 도움이 될 것이다.

끝으로 '학습부진아를 위한 7가지 햇살코칭전략'을 명심하면서 아이들을 대해보자. 분명 좋은 성과가 있을 거라 믿는다.

1. 햇살코칭은 '눈뜬 낙관론'이 아니라 '눈가린 낙관론'이다. 이것저것 묻지도 따지지도 않고 무조건적인 사랑과 긍정의 눈으로 학습부진아를 바라봐야 닫힌 마음의 문을 열고, 따뜻한 긍정의 햇살이 마음속으로 들어갈 수 있다.

2. 햇살코칭은 햇살 같은 긍정적인 에너지가 아이들에게 꾸준히 전해져서 아이들의 얼굴을 햇살처럼 밝게 만드는 일이다. 어떻게 하면 아이들이 좀 더 재미있고 즐겁게 수업에 참여하면서 공부할 수 있을지를 고민하는 것이 바로 햇살코칭의 시작이다.

3. 햇살코칭은 1번의 강력한 햇살로 아이들이 바뀌기를 기대하기보다는, 작지만 꾸준한 햇살로 아이들의 변화를 기다리는 일이다. 어떻게 하면

아이들이 꿈을 이룬 사람들의 이야기를 통해 스스로 꿈을 향해 나아갈 수 있을지를 고민한다면 자연스럽게 햇살코칭을 실천하게 될 것이다.

4. 햇살코칭은 이론이나 원리를 설명하면서 머리를 변화시키기보다는 참여나 실습을 통해 몸을 변화시키는 일이다. 어떻게 하면 아이들이 배운 내용을 직접 실천하면서 현실에 적용할 수 있을지를 고민한다면 머리에만 있던 햇살의 에너지를 아이의 온몸으로 퍼져나가게 만들 수 있다.

5. 햇살코칭은 아이와 멀리 떨어져서 햇살만 비추는 것이 아니라 아이와 가까이에서 호흡하며 햇살을 스며들게 하는 일이다. 어떻게 해야 아이들이 성장과 발전을 눈으로 확인할 수 있는지, 아이들에게 햇살이 조금씩 스며들게 할 수 있는지 고민한다면 함께 가는 길이 무척이나 즐거울 것이다.

6. 햇살코칭은 어렵고 힘든 방식이 아니라 게임처럼 쉽고 재미있는 방식으로 햇살을 비추는 일이다. 어떻게 하면 아이들이 게임을 즐기듯이 수업에 참여할 수 있을지 고민한다면 배움의 기쁨을 만끽하게 될 것이다.

7. 햇살코칭은 아이와 대화를 나누면서 그 아이에게 딱 맞는 방법이 무엇인지를 함께 찾는 일이다. 햇살처럼 따뜻한 마음으로 아이를 바라본다

면 숨어 있는 열쇠를 발견하게 될 것이다.

햇살코칭은 작은 빛이 생명을 키우듯이 한줄기 긍정의 햇살을 비추는 일이고, 홀로서기 힘들다면 업어주고, 움직일 수 있으면 부축해주고, 혼자 걸을 수 있으면 지켜봐 주는 일이며, 각자의 햇살을 모아서 더 큰 햇살을 만드는 일이다. 학습부진 아이를 스스로 빛나는 하늘의 별처럼 만드는 일이 바로 햇살코칭이다.

학습부진아를 위한
'잠깨 독서학습코칭'
프로그램

학습부진아를 위한
'4D 에듀테인먼트 잠깨' 프로그램

프로그램 소개

학습부진아를 위한 '4D 에듀테인먼트 잠깨' 프로그램은 학습 동기가 부족하고 집중력이 떨어지는 아이들이 공부에 대한 재미와 즐거움을 되찾는 데에 도움을 주기 위해 기획되었습니다. '4D 에듀테인먼트 잠깨'란 PPT와 동영상, 토론, 실습 등 4D(4Dimension, 사차원) 에듀테인먼트 콘텐츠를 활용해, 잠자는 아이들을 깨우고 잠재력을 일깨운다는 의미를 담고 있습니다. 21세기 게임과 영상, 스마트폰 세대를 위한 맞춤형 교육프로그램으로써 특히 학습부진아들에게 최적입니다.

유대인이 아이들에게 처음 책을 선물할 때 꿀을 발라주는 이유는 독서의 달콤함과 유익함을 무의식 속에 심어주기 위해서입니다. 아이들이 학습을 처음 접할 때 이 프로그램으로 시작한다면 공부가 무척이나 재미있고 즐겁다는 느낌을 평생 간직하게 될 거라 믿습니다.

프로그램 특징

- 전국 광역시도 교육청과 지역교육청, 교육연수원, 학교 등의 교육현장에서 수백 회의 학생 프로그램, 학부모 연수, 교사 연수를 운영하며 완성도를 높인 동기부여 전문프로그램.
- 아이들이 좋아하는 유머와 퀴즈, 게임과 스팟 등으로 구성되어 있고, 적극적인 수업 참여를 유도함으로써 최근 학교 현장에서 뜨거운 호응을 불러일으키고 있는 프로그램.
- 탁월한 동기부여 효과를 바탕으로 학습에 대한 자신감을 향상시킬 수 있는 프로그램.

프로그램 목표

- 공부가 재미있고 즐겁다는 느낌을 가질 수 있다.

- 스스로 공부하고 싶다는 생각을 할 수 있다.

- 학습에 대한 자신감으로 원하는 목표에 도전할 수 있다.

프로그램 운영 커리큘럼 예시: 2~4시간

시간	테 마	세부 내용
1	마음을 여는 스팟과 게임	스트레칭 동작을 응용하여 혼자 할 수 있는 스팟, 짝을 이뤄서 하는 게임, 그룹으로 함께할 수 있는 게임 등.
2	공부에 호기심이 생기는 펀펀한 퀴즈	브레인서바이벌 단어퀴즈, 손가락 심리테스트, 빈칸 채우기, 초성퀴즈, 동물퀴즈, 우등생퀴즈, 언어유희 등.
3	공부가 재미있어지는 웃긴 동영상	꿈과 목표, 비전, 롤모델, 게임의 룰, 반복의 힘, 회복탄력성, 가슴 뛰는 삶, 원리의 중요성, 독서의 중요성 등.
4	공부가 즐거워지는 반전 스토리	바보에서 천재 시인이 된 백곡 김득신, IQ 43의 기적 라이언 카샤, 꼴찌에서 일등이 된 백승훈 등.

학습부진아를 위한
‘마인드 체인징 스팟’ 프로그램

프로그램 소개

학습부진아를 위한 ‘마인드 체인징 스팟(Mind Changing Spot, MCS)’ 프로그램은 단기간에 획기적으로 학습부진을 극복하는 데에 도움을 주기 위해 기획되었습니다. 마인드 체인징 스팟이란 ‘행동을 바꿈으로써 생각을 바꿀 수 있다’는 행동주의와 뇌과학을 바탕으로 개발된 다양한 동작을 통해, 열등감과 부정적인 생각, 정신력과 결단력 부족, 자신감과 자존감 저하 등에서 단숨에 벗어나자는 의미를 담고 있습니다.

생각을 바꾸면 행동이 바뀌고, 행동이 바뀌면 습관이 바뀌며,

습관이 바뀌면 운명이 바뀐다고 합니다. 이제 이 말은 행동을 바꾸면 생각이 바뀌고, 습관이 바뀌며, 운명이 바뀐다는 말로 바뀌게 될 것입니다. 매일 아침 일어났을 때 운동하듯이, 매번 수업을 시작하기 전에 워밍업을 하듯이 이 프로그램을 활용한다면 기적 같은 일이 일어날 거라 믿습니다.

프로그램 특징

- 전국 광역시도 교육청과 지역교육청, 교육연수원, 학교 등의 교육현장에서 수백 회의 학생 프로그램, 학부모 연수, 교사 연수를 운영하며 완성도를 높인 동기부여 전문프로그램.
- 아이들이 좋아하는 체조와 게임, 스팟, 실험 등으로 구성되어 있고, 체험과 실습 중심으로 진행하기 때문에 최근 학교 현장에서 뜨거운 호응을 불러일으키고 있는 프로그램.
- 행동의 변화를 통한 마인드의 변화를 바탕으로 학습에 대한 열정을 불러일으키는 프로그램.

프로그램 목표

- 움츠리고 주눅 들었던 몸을 의욕과 자신감이 넘치는 몸으로 바꿀 수

있다.

- '할 수 없다'는 부정적인 생각을 '할 수 있다'는 긍정적인 생각으로 바꿀 수 있다.

- 긍정 호르몬을 통한 의욕과 자신감을 바탕으로 학습효과를 높일 수 있다.

프로그램 운영 커리큘럼 예시: 2~4시간

시간	테 마		세부 내용
1	O	Opeining, 오프닝	분위기를 띄우는 인트로 동영상으로 반갑게 인사 나누기.
2	I	Introduction, 서론	팔 꼬았다 펴기(개인), 주먹 탑 쌓기(짝), 함께 콕콕콕(그룹) 등.
3	B	Body, 본론	3분 합격체조, 레몬 실험, 오링 실험, 프레즌스 실험 등.
4	C	Conclusion, 결론	뇌 폭풍을 위한 '발 구르며 박장대소'로 손과 입, 발 모두 활용.
5	E	Ending, 엔딩	가장 자신 있는 MCS 포즈를 취하면서 마무리.

학습부진아를 위한
'진북 독서코칭' 프로그램

프로그램 소개

학습부진아를 위한 '진북 독서코칭' 프로그램은 낮은 학습동기와 학습에 대한 어려움으로 공부에 흥미를 잃은 아이들을 위해 개발되었습니다. 쉽고 재미있으며, 특히 10분 안에 읽을 수 있는 짧은 텍스트를 활용해 친구들과 함께 7키워드(낭독, 경험, 재미, 궁금, 중요, 메시지, 필사)를 토론하다 보면 자신도 모르게 책의 내용을 7번 반복하는 효과를 볼 수 있게 구성되어 있습니다.

학습에 있어 가장 중요한 것은 '반복'입니다. 진북 독서코칭 프로그램은 자연스럽고 재미있게 7번 반복하게 되는 것이 특장점입니다. 아이들이 진북 독서코칭 프로그램에 지속적으로 참여하다 보면 모든 공부의 기본이 되는 읽기 능력은 물론, 표현력과 이해력, 독해력, 사고력 등의 향상을 통해 짧은 시일 내에 학습부진에서 벗어나게 될 것입니다. 진북 독서코칭 프로그램은 책과 관련된 동영상이나 스팟, 퀴즈 등으로 동기부여를 시켜주고, 7키워드 독서토론을 한 후 책 내용과 관련된 다양한 활동으로 연결하여 책을 좋아하지 않았던 아이들이 책 속으로 푹 빠지게 하는 신기한 체험을 시켜줍니다.

프로그램 특징

- 전국 광역시도 교육청과 지역교육청, 교육연수원, 학교 등의 교육현장에서 수백 회의 학생 프로그램, 학부모 연수, 교사 연수를 운영하며 완성도를 높인 독서코칭 전문프로그램.

- 독서에 대한 동기유발 및 읽기 능력이 놀랍게 향상되고, 실질적인 학습능력 향상에도 큰 도움을 줄 수 있도록 구성되어 최근 학교 현장에서 뜨거운 호응을 불러일으키고 있는 프로그램.

- 단기적인 학습능력 향상은 물론 삶의 과정에서 꼭 필요한 '독서능력' 향상으로 이어짐.

프로그램 목표

- 진북 독서코칭을 통해 누구나 책을 좋아하게 만든다.

- 진북 독서코칭 과정을 통해 자연스럽게 인성교육이 이루어진다.

- 학습능력 향상은 물론 의사소통능력, 리더십 향상 등에도 도움을 준다.

프로그램 운영 커리큘럼 예시: 2~4시간

시간	테 마	세부 내용
1	책에 대한 흥미 높이기	책과 관련된 다양한 스팟이나 퀴즈, 책의 주인공과 관련된 영상 등으로 책에 대한 흥미를 높인다.
2	7키워드 독서토론	7키워드(낭독, 경험, 재미, 궁금, 중요, 메시지, 필사)를 통해 읽기 능력 향상 및 7번 반복효과로 학습효율을 높인다.
3	1:1 찬반 하브루타	유대인 창조성의 비밀 하브루타를 적용해 이해력 및 사고력, 표현력, 논리력 등을 향상시킨다.
4	책 내용과 관련된 활동	책의 주제와 밀접한 관계가 있는 다양한 활동을 통해 독서토론 전체 과정을 한 편의 흥미진진한 뮤지컬처럼 완성시킨다.

학습부진아를 위한 '완시스 학습코칭' 프로그램

프로그램 소개

학습부진아를 위한 '완시스 학습코칭' 프로그램은 학습동기가 낮은 학습부진아의 특성에 맞춰, 쉽고 간단하지만 빠르게 효과를 볼 수 있도록 프로그램을 구성하였습니다. 쉽고 재미있는 다양한 실습을 통해 학습 성취감을 맛보고, 공부에 대한 의욕을 높이는 데에 프로그램의 초점을 맞췄습니다.

특히 카드와 같은 학습도구를 활용하여 마치 게임을 하듯 기억을 만드는 방법이나, 공부에 대한 부담감을 낮추며 무리 없이 본인의 수준에 맞춰 진행 가능한 단계적인 복습법, 꿈과 목표를 표현함으로써 학습에 대한 동기를 높이는 전략 등의 다채로운 내용으로 가득합니다. 공부에 대한 거부감을 줄이고, 어떻게 공부를 해나가야 할지 답을 얻으며, 공부에 대한 자신감을 가질 수 있는 기회가 될 수 있습니다.

프로그램 특징

- 전국 광역시도 교육청과 지역교육청, 교육연수원, 학교 등의 교육현장에서 수백 회의 학생 프로그램, 학부모 연수, 교사 연수를 운영하며 완성도를 높인 학습코칭 전문프로그램.
- 학습동기와 학습능력 향상에 실제적인 도움을 줄 수 있는 흥미진진한 실전 학습기술 교육을 통해 교육성과를 직접 눈으로 확인하고 느끼며, 학생 스스로의 학습 자존감을 높임.
- 교육 내용이 행동의 변화로 이어질 수 있도록 만드는 체계적 행동 지침과 다양한 수행과제.

프로그램 목표

- 스스로 공부할 수 있는 능력을 향상시킬 수 있다.
- 자기주도학습 원리를 습득하여 공부에 대한 재미를 느낄 수 있다.

- 공부의 성취감을 맛봄으로써 더 큰 목표를 설정할 수 있다.

프로그램 운영 커리큘럼 예시: 2~4시간

시간	테 마	세부 내용
1	효과적인 집중력 향상 기술 '완시스 엔진'	손끝 신경세포를 자극해서 집중력을 끌어 올리는 완시스 박수, 점을 집중해 응시하면서 집중력을 향상시키는 한 점 응시.
2	궁극의 기억전략 '완시스 카드'	공부를 게임처럼 만들며 기억효과를 높이는 카드 활용법, 완시스 단어카드 제작 및 암기 실습.
3	수업–복습 전략의 완성 '완시스 사이클'	눈 · 귀 · 머리 · 입 · 손으로 수업효과를 높이는 적극수업 전략, 장기기억을 위한 당일 – 주말 – 시험 – 방학의 주기복습 전략.
4	공부에너지 주입 전략 '완시스 연료'	공부에 열정을 불러일으키고 몰입하게 만드는 공부 연료, 꿈과 목표를 쓰고 보고 외쳐서 동기를 높이는 마법의 주문.

참고문헌

《영리한 아이가 학습이 부진한 이유 그리고 치료》 Sylvia Rimm, 시그마프레스

《공부 상처》 김현수, 에듀니티

《학습부진학생의 이해와 지도》 황매향 · 이대식 외, 교육과학사

《학습부진아의 이해와 교육》 김선 외, 학지사

《학습부진아 치료교육 프로그램》 선우현 외, 동문사

《학습부진아동 지도방법 및 사례집》 행복한일자리지원센터, 부스러기

《학습코칭》 Carolyn Coil, 시그마프레스

《학력파괴자들》 정선주, 프롬북스

《헬렌켈러는 어떤 교육을 받았는가》 앤 설리번, 라의눈

《천재 독서법》 서상훈, 지상사

《어떻게 공부할 것인가》 헨리 뢰디거 · 마크 맥대니얼 · 피터 브라운, 와이즈베리

《부의 감》 루이스 쉬프, 청림출판

《스필버그의 영화 정복 프로젝트》 정덕환, 일송포켓북

《스필버그 엄마처럼, 비욘세 엄마처럼》 스테파니 허쉬, 행복포럼

《마음을 열지 않는 자녀에게 가슴으로 가르치는 부모의 지혜》 루앤 존슨, 아가돼지

《학습부진학생 지도 지원의 실효성 제고를 위한 대안 탐색》 한국교육과정평가원

《학습부진 학생 지도의 실효성 제고를 위한 지원 연구》한국교육과정평가원

《학습부진 자녀 교육지침》한국교육과정평가원

《학습종합클리닉센터 요원 연수 자료집 Ⅱ》한국교육과정평가원

《학습부진학생 지도 지원을 위한 사이버 교원 연수 프로그램 개발》한국교육과정평가원

《학습부진학생 지도를 위한 학습전략 활용 프로그램 개발》한국교육과정평가원

《중학교 학습부진 학생의 자존감 향삼 및 성취동기 제고를 위한 프로그램 개발》한국교육과정평가원

《2013 초등 교원능력개발 학습부진학생지도 직무연수》경상남도교육연수원

《2013 중등 학습부진학생지도 직무연수》경상남도교육연수원

《2014 중등 학습부진학생지도 직무연수》경상남도교육연수원

내 아이 공신 만드는 햇살코칭

초판 1쇄 인쇄 2016년 7월 15일
초판 1쇄 발행 2016년 7월 20일

지은이 서상훈
발행인 조상현
편집인 봄눈 김사라
디자인 김성엽의 디자인모아

펴낸곳 더디퍼런스
등록번호 제2015-000237호
주소 서울시 마포구 마포대로 127, 304호
문의 02-725-9988
팩스 02-6974-1237
이메일 thedibooks@naver.com
홈페이지 www.thedifference.co.kr

ISBN 979-11-86217-47-4 (13590)